"十三五"国家重点出版物出版规划项目
南海天然气水合物勘查理论与实践丛书

主 编 梁金强 副主编 苏丕波

海域天然气水合物成藏系统分析

Analysis of Natural Gas Hydrate Reservoir Forming System in Sea Area

苏丕波 梁金强 白辰阳
沙志彬 杨 禄 邱海峻 等 著

科学出版社
北 京

内 容 简 介

本书主要介绍了海域天然气水合物成藏研究现状、成藏系统概念及成藏系统构成，并系统分析了海域天然气水合物成藏系统构成的各个要素，包括天然气水合物成藏的气源供给系统、天然气水合物成藏的流体输导系统及天然气水合物成藏的矿藏储集系统，并基于我国南海天然气水合物地质模型，开展我国南海天然气水合物成藏系统数值模拟，最后以天然气水合物系统论思想为基础，结合天然气水合物实际调查和勘探结果，深入分析我国南海天然气水合物成藏系统特征。

本书可供天然气水合物勘查、海洋地质和新能源等领域的科研和技术人员阅读，也可作为高等院校相关专业师生的参考用书。

图书在版编目（CIP）数据

海域天然气水合物成藏系统分析 = Analysis of Natural Gas Hydrate Reservoir Forming System in Sea Area / 苏丕波等著. —北京：科学出版社，2024.3

（南海天然气水合物勘查理论与实践丛书/梁金强主编）

"十三五"国家重点出版物出版规划项目

ISBN 978-7-03-077982-3

Ⅰ. ①海… Ⅱ. ①苏… Ⅲ. ①南海–天然气水合物–油气藏形成–研究 Ⅳ. ①P618.13

中国国家版本馆 CIP 数据核字（2024）第 010909 号

责任编辑：万群霞　冯晓利 / 责任校对：王萌萌
责任印制：师艳茹 / 封面设计：无极书装

科学出版社 出版
北京东黄城根北街 16 号
邮政编码：100717
http://www.sciencep.com

北京中科印刷有限公司印刷
科学出版社发行　各地新华书店经销

*

2024 年 3 月第　一　版　开本：787×1092　1/16
2024 年 3 月第一次印刷　印张：11
字数：252 000
定价：198.00 元
（如有印装质量问题，我社负责调换）

"南海天然气水合物勘查理论与实践丛书"编委会

顾　问：
　　金庆焕　中国工程院院士
　　汪集旸　中国科学院院士

主　编：梁金强
副主编：苏丕波
编　委（按姓氏拼音排序）：

陈　芳	陈多福	付少英	龚跃华	郭依群	何丽娟
蒋少涌	李三忠	李绍荣	梁　劲	刘　坚	刘学伟
卢　鸿	陆红锋	陆敬安	吕万军	沙志彬	苏　新
孙晓明	王宏斌	王家生	王力峰	王秀娟	吴庐山
吴时国	杨　涛	杨木壮	杨瑞召	于兴河	曾繁彩
曾溅辉	张　英	钟广法	祝有海	庄新国	

《海域天然气水合物成藏系统分析》

参与编写人员（按姓氏拼音排序）

白辰阳	李廷微	梁金强	刘　坊	马福建	邱海峻	沙志彬
苏丕波	王飞飞	王笑雪	杨　禄	杨　威	杨承志	张　伟

丛 书 序 一

南海天然气水合物成藏条件独特而复杂，自然资源部中国地质调查局广州海洋地质调查局经过近 20 年的系统勘查，先后通过 6 次钻探在南海北部不同区域发现并获取了大量块状、脉状、层状和分散状天然气水合物样品。这些不同类型天然气水合物形成的地质过程、成藏机制及富集规律都是需要深入研究的问题。开展南海天然气水合物成藏研究对认识天然气水合物分布规律，揭示天然气水合物资源富集机制具有十分重要的理论意义和实际应用价值。

我国南海海域天然气水合物研究工作始于 1995 年，虽然我国天然气水合物调查研究起步较晚，但在国家高度重视和自然资源部（原国土资源部）的全力推动下，开展了大量调查评价工作，圈定了我国陆域和海域天然气水合物的成矿区带，在南海钻探发现 2 个超千亿立方米级天然气资源量的天然气水合物矿藏富集区，取得了一系列重大找矿成果。2017 年，我国成功在南海神狐海域实施了天然气水合物试采，取得了巨大成功，标志着我国天然气水合物资源勘查水平已步入世界先进行列。

"南海天然气水合物勘查理论与实践丛书"是广州海洋地质调查局联合国内相关高校及科研院所等单位近百位中青年学者和研究生们完成的重大科技成果，该套丛书阐述了我国天然气水合物勘查及成藏研究相关领域的重要进展，其中包括南海北部天然气水合物成藏的气体来源、地质要素和温压场条件、天然气水合物勘查识别技术、天然气水合物富集区冷泉系统、南海多类型天然气水合物成藏机理、天然气水合物成藏系统理论与资源评价方法等。针对我国南海北部陆坡天然气水合物资源禀赋和地质条件，通过理论创新，系统形成了天然气水合物控矿、成矿、找矿理论，初步认识了南海天然气水合物成藏规律，创新提出南海天然气水合物成藏系统理论，建立起一套精准高效的资源勘查、找矿预测及评价方法技术体系，并多次在我国南海北部天然气水合物钻探中得到验证。

作为南海海域天然气水合物调查研究工作的参与者，我十分高兴地看到"南海天然气水合物勘查理论与实践丛书"即将付印。我们有充分的理由相信，该套丛书的出版将为我国乃至世界天然气水合物勘探事业的发展做出更大贡献。

中国科学院院士

2020 年 6 月

丛 书 序 二

天然气水合物作为一种特殊的油气资源，资源潜力大、能量密度高、燃烧高效清洁，是非常理想的接替能源。我国高度重视这种新型战略资源，21世纪初设立国家层面的专项，开始系统调查我国南海海域天然气水合物资源情况。经过近20年的努力，已经取得了不少发现和成果，2017年还在南海神狐海域成功进行了试采，显示出南海巨大的天然气水合物资源潜力。

对于一种能源资源，深入认识其理论基础，建立完善的勘查技术体系及科学的资源评估体系十分重要。天然气水合物的物理化学性质及其在地层中的赋存特征与常规能源矿产相比具有特殊性，人们对其勘探程度和认识还不够深入。因而其目前的理论认识、勘查技术及资源评价工作尚处于探索之中。在这种情况下，结合我国南海近20年的勘查实践，系统梳理南海天然气水合物的理论认识、勘查技术及评价方法，我认为十分必要。

该套丛书作者梁金强、苏丕波等是我国天然气水合物地质学领域为数不多的中青年专家，几十年来承担了多项国家天然气水合物勘查项目，长期奔波在生产科研一线，对我国天然气水合物的资源禀赋情况十分熟悉。作者在编写书稿期间与我有较多交流讨论。在翻阅书稿时，我欣喜地看到该套丛书至少体现出这几方面的特点：第一，该套丛书是我国第一套系统阐述天然气水合物资源勘查技术、成藏理论与评价方法方面的系列专著，首创性和时效性强；第二，该套丛书是基于近20年来的第一手实际调查资料在实践中总结出来的理论成果，资料基础坚实、十分难得；第三，该套丛书较完整梳理了国内外天然气水合物工作的历史和现状，理清了脉络，对于读者了解全貌很有帮助；第四，该套丛书将实地资料和理论提升进行了较好结合，既有大量一手野外资料为基础，又有对实际资料加工后的理论升华，对于天然气水合物的研究具有重要参考价值；第五，该套丛书在分析对比国内外天然气水合物成藏地质条件及成藏特征的基础上，提出了适合于我国南海海域天然气水合物自身特点的勘查技术、成藏理论及评价方法，为今后我国海域天然气水合物下一步的勘查研究奠定了坚实的基础。

在该套丛书付梓之际，我十分高兴地将其推荐给对天然气水合物事业感兴趣的广大读者，衷心祝愿该套丛书早日出版，相信它一定能对我国在天然气水合物理论研究领域的人才培养和勘查评价工作起到积极的推动作用。与此同时，我还想提醒各位读者，天然气水合物地质勘查与研究是一个循序渐进的过程，随着资源勘查程度的提高，人们的认识也在不断提升。希望读者不要拘泥于该书提出的理论、方法和技术，应该在前人基础上，大胆探索天然气水合物新的理论认识、新的勘查技术和新的评价方法。

中国工程院院士

2020年5月

丛 书 序 三

能源是人类赖以生存和发展的重要资源，随着我国国民经济的快速发展，能源保障问题愈受关注。据公布的《中国油气产业发展分析与展望报告蓝皮书(2018—2019)》，我国天然气进口对外依赖度已于 2018~2019 年连续两年超过 40%，预计 2020 年度将达到 41.2%，国家能源安全问题十分突出。为了解决我国能源供需矛盾，寻找可接替能源资源显得十分迫切。天然气水合物因其资源量巨大、分布广泛，被视为未来石油、天然气的替代能源。据估算，全球天然气水合物的气体资源量达 $2.0\times10^{16}m^3$，其蕴藏的碳总量是已探明的煤炭、石油和天然气的 2 倍，其中，98%分布于海洋，2%分布于陆地永久冻土带。因此，世界主要国家竞相抢占天然气水合物的开发利用先机，美国、日本、韩国、印度等国家都将其列入国家重点能源发展战略，并投入巨资开展勘查开发及科学研究。我国天然气水合物调查研究工作虽起步较晚，但经过 20 多年的追赶，相继于 2017 年、2020 年成功实施海域天然气水合物试采，奠定了我国在天然气水合物领域的优势地位。

我国 1999 年首次在南海发现了天然气水合物赋存的地球物理标志——似海底反射面(bottom simulating reflector，BSR)，拉开了我国天然气水合物步入实质性调查研究的序幕。2001 年开始，我国设立专项开展天然气水合物资源调查，为加强海域天然气水合物基础研究，相继设立了"我国海域天然气水合物资源综合评价及勘探开发战略研究(2001—2010 年)"及"南海天然气水合物成矿理论及分布预测研究(2011—2015 年)"项目，充分发挥产学研相结合的优势，形成多方参与的综合性研究平台，持续推进南海天然气水合物基础研究。项目的主要目标是在充分调研国外天然气水合物勘查开发进展及理论技术研究的基础上，结合我国南海天然气水合物勘查实践，系统开展天然气水合物地质学、地球物理学、地球化学、地质微生物学等综合研究；深入分析天然气水合物的成藏地质条件、成藏特征及成藏机制；发展形成南海天然气水合物地质成藏理论和勘查评价方法，为我国海域天然气资源勘查评价提供支撑。项目承担单位为广州海洋地质调查局，参加项目研究工作的单位有中国地质大学(北京)、中国科学院地质与地球物理研究所、中国科学院海洋研究所、南京大学、中国地质大学、中国地质科学院矿产资源研究所、中国海洋大学、同济大学、中国科学院广州地球化学研究所、中山大学、中国石油大学(北京)、中国矿业大学(北京)、中国科学院南海海洋研究所、中国石油科学技术研究院等。项目团队是我国最早从事天然气水合物资源勘查研究的团队，相继发表了一批原创性成果，在国内外产生了广泛影响。

两个项目先后设立 16 个课题、7 个专题开展攻关研究，研究人员逾 100 人。研究工作突出新理论、新技术、新方法，多学科相互渗透，集中国内优势力量，联合攻关，力求在天然气水合物成藏理论、勘查技术及评价方法等方向获得高水平的研究成果，其研究内容及成果如下。

(1) 系统开展了天然气水合物成藏地质的控制因素研究，在南海北部天然气水合物成藏地质条件和控制因素、温压场特征及稳定域演变、气体来源及富集规律等方面取得了创新性认识。

(2) 系统开展了南海天然气水合物地质、地球物理、地球化学、地质微生物响应特征及识别技术研究，形成了一套有效的天然气水合物多学科综合找矿方法及指标体系。

(3) 形成了天然气水合物储层评价及资源量计算方法、资源分级评价体系和多参量矿体目标优选技术，为南海天然气水合物资源勘查突破提供支撑。

(4) 建立了天然气水合物成藏系统分析方法，初步揭示了南海典型天然气水合物富集区"气体来源→流体运移→富集成藏→时空演变"的系统成藏特征。

(5) 初步形成了南海北部天然气水合物成藏区带理论认识，系统分析了南海北部多类型天然气水合物成藏原理、成因模式及分布规律。

(6) 建立了天然气水合物勘探及评价数据库，全面实现数据管理、数据查询及可视化等应用。

(7) 通过广泛的文献资料调研，系统总结国际天然气水合物资源勘查开发进展、基础研究及技术研发成果，科学提出我国天然气水合物勘查开发战略。

为了更全面、系统地反映项目的研究成果，推动天然气水合物地质及成藏机制研究，决定出版"南海天然气水合物勘查理论与实践丛书"，在本丛书编委会及各卷作者的共同努力下，经过三年多的梳理编写工作，终于与大家见面了。本丛书反映了项目主要成果及近20年来广大作者在海域天然气水合物地质成藏研究的新认识。希望丛书的出版有助于推动我国天然气水合物成藏地质研究深入及发展和建立有中国特色的天然气水合物成藏理论，助力我国天然气水合物勘探开发产业化进程。

中国地质调查局及广州海洋地质调查局的领导和专家对丛书的相关项目给予了大力支持、关心和帮助，其中，原广州海洋地质调查局黄永样总工程师对项目成果进行了精心的审阅、修改和统稿，并提出了很多有益的建议；广州海洋地质调查局杨胜雄教授级高工、张光学教授级高工、张明教授级高工等专家对项目进行了悉心指导并提出了诸多建设性建议；此外，原中国地质调查局张洪涛总工程师、青岛海洋地质研究所吴能友研究员、北京大学卢海龙教授、中国科学院广州地球化学研究所何家雄教授等专家学者在项目立项和研究过程中给予了指导、帮助和支持，在此一并致以诚挚的感谢！

"南海天然气水合物勘查理论与实践丛书"是集体劳动的结晶，凝结了全体项目参与及丛书编写人员的辛勤汗水和创造力；科学出版社对本丛书出版的鼎力支持，编辑团队的辛苦劳动和科学的专业精神，使本丛书得以顺利出版。

特别感谢金庆焕院士、汪集旸院士长期对丛书成果及研究团队的关心、帮助和指导，并欣然为丛书作序。

由于编写人员水平有限，有关项目的很多创新性成果很可能没有完全反映出来，丛书中的不当之处也在所难免，敬请专家和读者批评指正。

主编　梁金强
2020年1月

前　　言

　　天然气水合物(俗称可燃冰)，在自然界中是由以甲烷为主的烃类气体与水在高压低温条件下形成的似冰状固态结晶物质，是属于笼形包合物的特殊化合物，其中的气体组分除甲烷外，还包括乙烷、丙烷等烃类气体及氮气、二氧化碳、硫化氢等非烃类气体。作为一种特殊的油气资源，天然气水合物具有高效、清洁、资源潜力巨大等特点，因此受到各国科学家的关注。

　　与常规油气资源相比，天然气水合物成藏有其独特性。首先，天然气水合物并不是富集在一定的圈闭中，而是赋存在一定的低温高压稳定带内；其次，天然气水合物气源广泛，天然气水合物成藏对气体的来源没有选择性，理论上，只要具有足够的浓度，满足天然气水合物形成的特定低温高压条件，都可以作为天然气水合物的气体来源，形成天然气水合物矿藏。此外，除了气体的供应条件外，从天然气水合物成藏过程考虑，天然气水合物的形成还涉及烃类气体到达天然气水合物稳定带的途径及天然气水合物形成的储集条件等。因此，气源构成及成因类型、运移途径及成藏储集条件直接控制着天然气水合物的成藏规模。研究形成天然气水合物成藏所必需的气源条件、气体达到天然气水合物稳定带内的运移途径及气体聚集在天然气水合物稳定带内形成天然气水合物矿藏的储集条件，是提高天然气水合物资源预测准确性的一项重要工作。

　　近些年来，国内外学者开始尝试应用系统论的思想方法，深入研究天然气水合物气体来源、气体运移输导及聚集成藏之间的内在联系与时空耦合配置关系，即天然气水合物成藏系统。由于天然气水合物成藏系统能够系统全面地描述天然气水合物成藏条件，既考虑了天然气水合物形成所需要的水深、温度、压力、地温梯度等物理条件，又注重天然气水合物实际产出的沉积、构造演化及活动时间等地质背景，也包含了气源、输导及储集等控制因素，故其可以作为一种综合评价预测某一区域区带天然气水合物矿藏分布规律及资源潜力的技术方法。

　　我国在南海北部已开展了大量的天然气水合物调查研究，发现了诸多指示天然气水合物存在的地质地球物理和地球化学标志，并先后在南海北部神狐海域、东沙海域及琼东南海域实施天然气水合物钻探，均采集到了大量天然气水合物实物样品。但是南海天然气水合物资源的分布状况怎样、如何在更大范围内认识天然气水合物资源的产状和规模是当前乃至更长时期的一项艰巨任务。因此，迫切需要创新天然气水合物成藏系统理论认识，以便更好地指导南海天然气水合物下一步勘探工作。加强天然气水合物成藏系统研究，不仅对丰富天然气水合物地质成藏与勘查理论具有重要的科学探索意义，而且对天然气水合物野外调查与勘查实践具有重要的现实指导意义。诚然，目前对于天然气水合物成藏系统研究尚不够深入和系统，尤其是在天然气水合物成藏动力学和烃源供给系统及流体输导等方面的研究尚欠深入。比较突出的问题是，缺乏对烃源供给及运聚输导系统类型与高压低温稳定带聚集成藏系统相互间的时空耦合配置方面的深入研究。鉴于此，本书拟重点根据南海北部天然气水合物勘探区钻探及研究成果，结合区域油气地质与地球化学背景及条件，深入分析南海北部天然气水合物成藏系统及其成藏控制因素，以期对我国海域天然气水合物富集区带预测及天然气水合物勘查部署有所裨益。

本书是在中国地质调查局天然气水合物科研项目"天然气水合物成矿理论及分布预测"（GZH201100305）及"神狐海域天然气水合物先导试验区资源评价"（DD20190224）研究中关于南海天然气水合物成藏系统研究成果总结，并结合笔者在相关工作认识的基础上撰写而成。

全书共分7章，撰写分工如下：前言由苏丕波、梁金强撰写，第1章由苏丕波、邱海峻、沙志彬等撰写，第2章由苏丕波、杨禄、王飞飞等撰写，第3章由刘坊、杨承志、苏丕波撰写，第4章由苏丕波、白辰阳、李廷微等撰写，第5章由张伟、苏丕波、白辰阳等撰写，第6章由苏丕波、杨威、马福建等撰写，第7章由苏丕波、邱海峻、梁金强、张伟、王笑雪、白辰阳撰写，全书由苏丕波统稿。

在项目研究和本书撰写过程中得到了中国地质调查局、广州海洋地质调查局各级领导的重视及专家的指导，也得到许多同行的帮助和支持，在此致以衷心的感谢！此外，本书引用了大量中外学者、专家的图片资料，除在书中标明出处外，特在此对有关作者一并表示敬意和感谢！最后，还要特别感谢科学出版社工作人员，他们态度严谨，反复校对，付出了大量汗水和智慧，才使本书得以顺利出版。

由于作者水平有限，书中难免存在疏漏之处，恳请读者批评指正。

作　者

2023年6月

目 录

丛书序一
丛书序二
丛书序三
前言

第1章 天然气水合物成藏研究现状 ··· 1
1.1 天然气水合物成藏研究概述 ··· 1
1.1.1 天然气水合物结构特征 ··· 1
1.1.2 天然气水合物成藏分布 ··· 1
1.1.3 天然气水合物成藏模式 ··· 3
1.1.4 国外典型富集区成藏研究 ··· 4
1.2 天然气水合物成藏系统概念 ··· 5
1.3 天然气水合物成藏系统构成 ··· 6
1.3.1 气源供给系统 ··· 6
1.3.2 流体输导系统 ··· 7
1.3.3 矿藏储集系统 ··· 8

第2章 天然气水合物成藏的气源供给系统 ··· 10
2.1 气体来源 ··· 10
2.2 气体成因类型 ··· 11
2.2.1 微生物成因气 ··· 11
2.2.2 热成因气 ··· 13
2.2.3 混合成因气 ··· 14
2.3 气源潜力 ··· 15

第3章 天然气水合物成藏的流体输导系统 ··· 18
3.1 输导体系类型 ··· 18
3.2 输导系统特征 ··· 19
3.2.1 纵向输导系统 ··· 19
3.2.2 横向输导系统 ··· 24
3.3 输导形式 ··· 25
3.3.1 气体的运移 ··· 25
3.3.2 输导模式 ··· 25

第4章 天然气水合物成藏的矿藏储集系统 ··· 27
4.1 储集层范围 ··· 27
4.2 储集层类型 ··· 29
4.3 储集层控制因素 ··· 30
4.3.1 岩性 ··· 30

  4.3.2 孔隙或裂隙 ··· 31
  4.3.3 气体通量 ·· 31

第5章 国外天然气水合物典型区域成藏系统分析 ·· 32
5.1 安第斯型主动大陆边缘典型区块天然气水合物成藏系统特征 ···················· 32
  5.1.1 卡斯凯迪亚陆缘 ·· 32
  5.1.2 智利大陆边缘 ··· 35
5.2 岛弧型主动大陆边缘典型区块天然气水合物成藏系统特征 ······················ 39
5.3 被动大陆边缘典型区块天然气水合物成藏系统特征 ······························· 43
  5.3.1 墨西哥湾盆地 ··· 44
  5.3.2 布莱克海台 ··· 48

第6章 南海天然气水合物成藏系统数值模拟 ··· 52
6.1 盆地数值模拟技术发展进展 ··· 52
6.2 研究方法和原理 ··· 55
  6.2.1 沉积埋藏史模拟 ·· 55
  6.2.2 热史模拟 ··· 57
  6.2.3 有机质成熟史模拟 ··· 57
  6.2.4 生排烃史模拟 ··· 58
  6.2.5 运聚史模拟 ··· 58
  6.2.6 天然气水合物成藏系统数值模拟 ·· 60
6.3 南海北部天然气水合物成藏系统数值模拟 ··· 60
  6.3.1 神狐海域天然气水合物成藏系统三维数值模拟 ···································· 60
  6.3.2 东沙海域天然气水合物成藏系统二维数值模拟 ···································· 89
  6.3.3 琼东南海域天然气水合物成藏系统二维数值模拟 ································· 97

第7章 南海北部天然气水合物成藏系统分析 ·· 107
7.1 神狐海域天然气水合物成藏系统 ··· 107
  7.1.1 概况 ·· 107
  7.1.2 气源供给系统 ·· 108
  7.1.3 流体输导系统 ·· 113
  7.1.4 矿藏储集系统 ·· 114
  7.1.5 成藏系统要素 ·· 117
  7.1.6 成藏系统特征 ·· 118
7.2 东沙海域天然气水合物成藏系统 ·· 121
  7.2.1 概况 ·· 121
  7.2.2 气源供给系统 ·· 122
  7.2.3 流体输导系统 ·· 128
  7.2.4 矿藏储集系统 ·· 129
  7.2.5 成藏系统要素 ·· 131
  7.2.6 成藏系统特征 ·· 132
7.3 琼东南海域天然气水合物成藏系统 ·· 134
  7.3.1 概况 ·· 134
  7.3.2 气源供给系统 ·· 136
  7.3.3 流体输导系统 ·· 136

7.3.4 矿藏储集系统 …………………………………………………………………… 142
7.3.5 成藏要素匹配 …………………………………………………………………… 145
7.3.6 成藏系统特征 …………………………………………………………………… 147

参考文献 ………………………………………………………………………………… 152

第1章 天然气水合物成藏研究现状

天然气水合物是一种在自然界中产出的,由天然气等气体分子与水分子在一定的温度与压力条件下形成的类冰状的非化学计量的笼形结晶物质。天然气水合物通常赋存于深水海底沉积层,以及极地、高纬度寒冷地区和高山地区的永久冻土带中。天然气水合物因其资源分布广泛、能量密度高、规模大、埋藏浅及燃烧产物无污染等特点,近年来成为各国争相竞逐的新型绿色能源和战略接替能源。

1.1 天然气水合物成藏研究概述

1.1.1 天然气水合物结构特征

天然气水合物是一种属于笼形包合物的特殊物质,由主体分子(水分子)组成的多面体晶腔包笼着客体分子(气体分子)。也就是说,天然气水合物是笼形物质,意味着客体气体分子被锁在主体水分子形成的笼形架构中。空的笼形架构是不稳定的,需要捕获气体分子以保持笼形晶体的稳定性。因此,在适当的压力和温度条件下,主体分子(水分子)在氢键作用下形成大小和形状不同的多面体笼形结构,客体分子(气体分子)通过范德瓦耳斯力填充在孔穴中,形成不同类型的气体天然气水合物。

天然气水合物晶体内部的水分子以一定的规律在三维空间上周期性排列、气体分子充填于笼形空间内。根据水分子构成的不同多面体,目前自然界中已发现的天然气水合物的晶体结构有三种,即Ⅰ型、Ⅱ型和H型,相关参数如表1.1所示。目前为止,自然界中发现的绝大多数天然气水合物的晶体都是Ⅰ型,Ⅱ型次之,H型较为少见。

表1.1　Ⅰ型、Ⅱ型和H型天然气水合物的晶体结构参数

	晶体结构		
	Ⅰ型结构	Ⅱ型结构	H型结构
所属晶系	立方晶系	立方晶系	六方晶系
所属空间群	$Pm3n$	$Fd3m$	$P6/mmm$
晶胞参数特征	$a=b=c$, $\alpha=\beta=\gamma=90°$	$a=b=c$, $\alpha=\beta=\gamma=90°$	$a=b\neq c$, $\alpha=\beta=90°$, $\gamma=120°$
晶格边长/10^{-10}m	$a\approx 12$	$a\approx 17.3$	$a\approx 12.2$, $c\approx 10.2$
理论分子式	$6X\cdot 2Y\cdot 46H_2O$	$8X\cdot 16Y\cdot 136H_2O$	$1X\cdot 3Y\cdot 2Z\cdot 34H_2O$

注:X、Y、Z分别代表大、中、小三种笼形结构。

1.1.2 天然气水合物成藏分布

天然气水合物广泛分布于世界海域的陆坡、陆隆或海台地区,特别是活动陆缘俯冲带增生楔和非活动陆缘的断层及褶皱带。天然气水合物的形成分布受到多种因素的制约,

而这些因素直接影响着天然气水合物的产出状态。天然气水合物的产出状态具有多样性和复杂性，目前发现的天然气水合物一般以分散状、结核状、团块状和薄层状赋存于沉积物中，或者以脉状充填于沉积物裂隙中。世界天然气水合物勘探研究表明，天然气水合物的形成分布与构造活动密切相关，大规模的断层、底辟、气烟囱和海底滑塌作用是控制天然气水合物分布的主要构造因素，特别是结核状、团块状和条带状产出的天然气水合物与这些因素密切相关，其活动时间、活动规模、活动方式对天然气水合物成藏意义重大。断裂构造可为饱含烃类的流体提供重要运移通道，从而直接影响天然气水合物的形成与分布(Teichert et al., 2005)。例如，在布莱克海台等断裂发育带附近地区，天然气水合物含量往往明显偏高。底辟构造在形成过程中会引起构造侧翼和顶部沉积层的倾斜和破裂，易于流体排放，因而对天然气水合物的形成十分有利。在美国东南陆缘南卡罗来纳、布莱克海台、非洲西部岸外以及尼日利亚陆坡区等天然气水合物富集带中均发现有与天然气水合物密切相关的底辟构造。气烟囱是含气流体运移输导的重要通道，在韩国郁陵盆地、日本南海海槽及中国神狐海域、琼东南海域均赋存了与气烟囱密切相关的多类型天然气水合物。在大陆边缘斜坡部位，科学家已注意到在海底滑塌部位存在天然气水合物，认为海底滑坡与天然气水合物的形成分布有密切的关系(McIver, 1981; Taylor et al., 2000)。

　　天然气水合物的形成分布同时也受沉积环境因素的制约。与沉积物性、沉积速率、沉积物压实程度以及流体的活动方式等因素均有关。Dillon 等(1998)认为，沉积速率是控制天然气水合物聚集的主要因素之一，快速沉积区有利于天然气水合物富集成藏。在东太平洋边缘的中美海槽区，赋存天然气水合物的新生代沉积层的沉积速率高达 1055m/Ma；在西太平洋布莱克海台(Blake Ridge)晚渐新世至全新世沉积物沉积速率可达 160～190m/Ma(Mountain and Tucholke, 1985)。我国学者从沉积物的性质、沉积速率、沉积环境和沉积相等方面对沉积作用与南海天然气水合物之间的关系进行分析后认为：南海陆坡区重力流和等深流沉积体发育是有利的天然气水合物储集相带；南海西沙海槽和东沙海域似海底反射面(BSR)的分布与含砂率有一定的对应关系，BSR 分布区的含砂率通常为 35%～70%；南海陆源沉积物供给充分，沉积速率较开放性大洋高 2～3 倍，有利于天然气水合物富集成藏；南海自中新世以来接受了较为稳定的持续沉积，沉积背景有利于天然气水合物矿藏的形成。苏新等(2005b)对 ODP204 航次 8 个钻孔 BSR 之上沉积物的粒度特征与天然气水合物产出层位之间的关系进行了统计分析，发现天然气水合物主要聚集在厚度大于 5cm 的粗粉砂沉积物中。陆红锋等(2009)对南海神狐海域天然气水合物钻探岩心 SH2B 和 SH7B 的矿物成分进行了全面分析，结果表明，这两个钻孔的沉积物主要由陆源碎屑矿物、黏土矿物和生物碳酸盐组成。碎屑矿物的种类比较单一，以石英、白云母、斜长石、正长石等轻矿物为主，其他矿物含量很低；黏土矿物主要为伊利石、蒙脱石(包括伊蒙混层)、绿泥石、高岭石，其中伊利石和蒙脱石含量占黏土总量的 65%以上。沙志彬等(2009)对南海中北部陆坡区地层的地震相和沉积相分布特征进行了全面的分析，认为沉积环境对天然气水合物的聚集成藏有明显的控制作用。王秀娟等(2011)根据高分辨率地震资料对琼东南盆地深水区块体搬运体系(MTD)与天然气水合物的关系进行了研究，认为 MTD 具有相对较高电阻率、高密度异常和渗透率降低的特征，是烃类气体聚集的良好盖层，有利于天然气水合物形成。近年来，研究人员也发现，神狐海域黏土质粉砂细粒储层中扩散性高饱和度天然气水合物赋存与储层中丰富的有孔虫含量密切相关，有孔虫化石的沉积提高了储层的孔隙度，进而为天然气水合物的赋存提供了更多储集空间。

1.1.3 天然气水合物成藏模式

对天然气水合物成藏地质模式的探索，目前不同学者从不同的角度开展了相关研究，如基于气体来源的原地细菌生成模式和孔隙流体扩散模式；基于胶结形式的低温冷冻模式、海侵加压模式和成岩作用模式；基于流体驱动方式的常压周期渗流模式和超压周期流动模式等。典型的代表是将天然气水合物成藏分为四种模式（Milkov and Sassen, 2000）：断层构造储集型、泥火山储集型、地层控制储集型、构造-地层储集型。根据这个模式分类，自然界产出的天然气水合物通常受控于活动断层、泥火山、地层和岩性等因素，天然气水合物一般储集于渗透性好的沉积层中。Moridis 等（2008）根据陆地永久冻土区天然气水合物试开采模拟实验结果，将天然气水合物成藏模式分为四类，认为天然气水合物矿藏主要赋存在粗粒沉积物地层（砂岩、粉砂岩等）中。Tréhu 等（2006）从天然气水合物成藏的气体运移方式的角度提出了扩散型和渗漏型两种海洋天然气水合物的成藏模式。沿断裂和破碎带等通道上升的天然气，可以在浅表层形成相对致密块状的渗漏型天然气水合物，海底表面通常伴有泥火山、冷泉群落生物和自生碳酸盐岩隆丘等建造，渗漏型天然气水合物分布局限。由于渗漏作用具有异常高的天然气渗漏量，天然气以游离气方式迁移，甚至在海底可观测到渗漏进入水体的天然气气泡，天然气水合物发育于整个稳定带，是水-天然气水合物-游离气的三相非平衡热力学体系。扩散型天然气水合物分布广泛，呈细粒、均匀和分散状分布于沉积物中，通常与原地生物成因甲烷或弥散状甲烷渗透作用有关。在地震剖面上常产生指示天然气水合物底界的强反射——似海底反射。该类天然气水合物埋藏深（>20m），海底表面不发育天然气水合物，天然气水合物产出带没有游离气存在，是水-天然气水合物的两相热力学平衡体系，天然气水合物的形成主要与沉积物孔隙流体中溶解甲烷有关，受原地生物成因甲烷与深部甲烷向上扩散作用的控制。我国学者也从自己研究的角度提出了天然气水合物的成藏模式，根据气体的成藏过程提出扩散型和渗漏型两类成藏模式（樊栓狮，2004；陈多福等，2005）。

根据实际钻探结果，目前有三种主要的天然气水合物藏已获得学术界公认，分别是孔隙充填型天然气水合物藏、裂缝充填型天然气水合物藏及块状天然气水合物藏。孔隙充填型天然气水合物藏是指天然气水合物充填于沉积物孔隙空间内，与经典的常规油气成藏类似。裂缝充填型天然气水合物藏是指天然气水合物充填于地层内的裂缝之中。块状天然气水合物是指以块状形式形成于细粒泥岩沉积物中，这种天然气水合物藏一般形成于海底较浅的部位。日本南海海槽东部、墨西哥湾、马利克(Malik)和埃尔伯特(Elbert)的天然气水合物属于高饱和度孔隙充填型，马利克和埃尔伯特天然气水合物砂岩储层相对较厚且纯净，而日本南海海槽与墨西哥湾北部陆坡的砂岩储层主要为浊流沉积中的砂泥岩互层中的薄层砂。此外，在印度及韩国的海域发现了裂缝充填型天然气水合物藏，在墨西哥湾及日本海发现了块状天然气水合物藏。由于从资源的角度研究孔隙充填型天然气水合物更有意义，因此全球的天然气水合物资源评价已经转移到了孔隙充填、砂岩储层的天然气水合物藏。

根据天然气水合物、游离气和自由水赋存的相对位置及条件，孔隙充填型天然气水合物藏又可以细分为三类，分别为封闭储层型、储层下伏游离气型及储层下伏自由水型。如果天然气水合物稳定带内的渗透层有足够的甲烷气体供应，且这种渗透层为类似于三明治的结构，即上下为非渗透的泥岩所封闭，那么天然气水合物将几乎充满整个孔隙空间，只剩下少量的水没有形成天然气水合物，这就是封闭储层型。日本南海海槽、马利克及埃尔伯特天然气水合物藏大多属于这种类型。如果渗透层内有足够的气体供应，但是天然气水合物稳定带底界却位于该渗透层之间，于是天然气水合物在渗透层的上部形成，下部则聚集着游离气，这就是储层下伏游离气型。俄罗斯的梅索亚哈（Messoyakha）气田及美国阿拉斯加的萨加瓦纳克托克（Sagavanirktok）层为典型的这种类型天然气水合物藏。如果稳定带内的渗透层气体供应不充足，或者是第一种类型中的游离气通过运移散失，自由水聚集在天然气水合物矿藏之下，这就是储层下伏自由水型。日本南海海槽与马利克部分矿藏为这种类型。除了这三种类型之外，Moridis 等（2008）把弥散于泥岩中的天然气水合物藏归为孔隙充填型的第四种。

1.1.4　国外典型富集区成藏研究

目前，世界上通过一系列的天然气水合物勘查与钻探项目，在活动和被动大陆边缘均发现有丰富的天然气水合物资源，其综合成藏条件各具特色。活动大陆边缘增生楔沉积物厚度大，断层与褶皱发育，有利于流体的运移、聚集，往往是天然气水合物大规模发育的有利区域。被动大陆边缘塑性物质的流动、泥火山活动及张裂作用常常在海底浅表层形成断裂-褶曲、底辟、气烟囱及海底滑坡等多种构造，为天然气水合物的形成与赋存提供理想场所。

在布莱克海台，天然气水合物成藏气体以微生物成因为主，但是其主体烃类气体的供应则位于天然气水合物稳定带底界之下的沉积物中，它既可能来源于该区天然气水合物稳定带底界之下沉积物中的有机质在微生物作用下形成的烃类气体，也可能来源于先期形成的天然气水合物深埋在其稳定带之下发生分解释放的烃类气体。其流体运移和成藏地质特征虽然不很明显，但该区最富集的天然气水合物除了分布在其稳定带底界附近层段外还发现赋存在断裂层段内，表明流体运移和成藏储集层条件对天然气水合物产状的控制作用。

在天然气水合物海岭区，天然气水合物的烃类气体显示以热成因为主，其烃类生成体系明显表现为深部供应，烃类气体的目标来源还不清楚，很可能与天然反射层之下的穹隆构造有关。其流体运移特征非常明显，特别是流体运移通道。该区流体运移与成藏聚集的耦合决定了天然气水合物的产出特征，使得该区天然气水合物主要分布在峰脊部流体运移作用强烈的区域，呈蘑菇状。

墨西哥湾北部陆坡既是天然气水合物广泛分布的区域，也是常规油气藏富集区，该区天然气水合物成藏烃类形成与深部油气储集体密切相关，很可能由其储集体演化而成。该区盐底辟非常发育，盐底辟作用形成的各种断裂为流体运移提供了重要通道。同时，盐底辟形成的各种断裂及微型盆地边缘区是天然气水合物赋存的主要场所。

挪威近海天然气水合物过去普遍被关注的是其分解引起的海底地质灾害问题，实际上其天然气水合物成藏烃类生成、流体运移与储集成藏三者关系对天然气水合物分布的控制作用非常明显。该区古近系—新近系穹隆被认为是天然气水合物烃类气体的主要来源。连接该穹隆和浅部 Naust 组沉积层的网状断裂是流体携带烃类气体向上运移的重要通道。网状断裂穿越的 Kai 组沉积层虽然部分处于天然气水合物稳定带内，但由于其颗粒较细，未见有天然气水合物产出。类似地，浅部冰成碎屑流沉积对流体运移的屏障作用也阻止了天然气水合物的产出，它们均未能形成有效的天然气水合物成藏聚集场所；相反，在 Naust 组底部及其与冰成碎屑流沉积结合的过渡区是天然气水合物富集场所，它们的物性特征及温压条件能形成有效的天然气水合物成藏聚集场所。

1.2　天然气水合物成藏系统概念

随着天然气水合物勘查技术的提升，对天然气水合物的地质认识不断提高。国内外天然气水合物赋存及产出地质、地震特征及对天然气水合物成藏过程和动态聚散研究表明，无论是钻井尺度还是盆地尺度，天然气水合物成藏与常见的油气成藏系统具有诸多相似之处。因此，近年来国外学者提出了天然气水合物含油气系统(gas hydrate petroleum system)概念，认为在天然气水合物含油气系统中，决定天然气水合物形成的各个要素是可以被识别和评价的，这些要素包括(表 1.2)天然气水合物的稳定性条件、气源、水、气的运移、储集层、时间。

表 1.2　天然气水合物成藏系统基本要素

基本要素	参数或释义
稳定性条件	温度
	压力
	气体组分
	孔隙水盐度
气源	气体的来源、成因及潜力
水	水的来源
气的运移	主要指气体运移方式和途径
储集层	适合天然气水合物生长的沉积物和储集层
时间	形成天然气水合物各要素所需要的时间

天然气水合物含油气系统理论极大促进了天然气水合物勘探开发研究，在天然气水合物的形成、分布和稳定性等关键问题上取得一系列重要进展，成功指导了美国墨西哥湾盆地及阿拉斯加北部、韩国郁陵盆地、印度东海岸等多个地区天然气水合物的勘查与钻探。

与指导常规油气勘探的含油气系统相比，天然气水合物含油气系统有其独特性。首先，天然气水合物成藏的储集层不是一个圈闭，而是由一定的高压低温环境形成的稳定带范围。其次，在天然气水合物形成的稳定带范围内，没有足够的气体去形成矿藏，只能靠外部天然气供给，因此，外部天然气运移通道是天然气水合物含油气系统中的一个关键要素。最后，天然气水合物成藏的气体来源广泛，除传统的热成因气外，浅层生物气也是天然气水合物成藏的重要气源。因此，天然气水合物含油气系统应建立在天然气水合物形成过程自身特点的基础上，开展天然气水合物成藏的气源供给，运移途径及储集层特征研究。基于此，我国学者认为天然气水合物存在着自身成藏系统(gas hydrate reservoir system)，它由烃类生成体系、流体运移体系、成藏富集体系构成(吴能友等，2007；卢振权等，2008)。天然气水合物自身成藏系统定义明确了天然气水合物成藏与含油气系统成藏的区别，将成藏系统分为了三个部分，但由于缺乏相关实践研究资料，研究者尚未明确定义天然气水合物成藏要素的控制作用及各要素之间的时空耦合性，而是单纯从各要素形成的过程和各要素之间的组合进行了分析。

因此，笔者在借鉴传统油气成藏系统理论基础上，针对海域天然气水合物资源勘查实践，提出海域天然气水合物成藏系统概念，认为天然气水合物成藏系统是一个复杂的系统，反映了天然气水合物从形成到保存的地质作用过程及地质要素组合。它主要包含气源供给系统、流体输导系统及成藏储集系统。它们彼此之间在时间和空间上的有效匹配将共同决定天然气水合物的成藏特征。从系统论来说，气源供给系统、流体输导系统和成藏储集系统三方面系统要素都相当重要，缺一不可，它们互相作用，共同控制着天然气水合物的形成与分布。开展天然气水合物成藏系统研究，需要从天然气水合物成藏系统要素、天然气水合物系统成藏过程以及各要素在成藏过程中的时空匹配关系入手。

1.3 天然气水合物成藏系统构成

从天然气水合物整个成藏过程来看，其成藏系统包括气源供给系统、流体输导系统及矿藏储集系统。

1.3.1 气源供给系统

气体是天然气水合物形成的物质基础。天然气水合物成藏的气源供给系统是天然气水合物成藏系统研究中最基本的问题，其研究主要包括天然气水合物成藏的气体来源、成因类型以及资源潜力等，它直接控制着天然气水合物的分布及矿藏规模。

只有当溶于流体中的甲烷过饱和时(超过在海水中的溶解度)且甲烷流量超过其对应的甲烷扩散传输速率临界值时才能形成天然气水合物。虽然有时由于局部水分供应不足而未能形成天然气水合物，但是，甲烷等烃类气体的供应是形成天然气水合物的关键。在甲烷等烃类气体最初来源问题上，前人研究认为，它们要么由沉积物中有机质转化而来，抑或直接来源于深部的游离气，即一般认为，形成天然气水合物的甲烷等烃类气体主要有两种成因来源：一是生物成因；二是热成因。此外，还有认为形成天然气水合物的甲烷可能来自火山热液流体(狄永军等，2003)。不过，实际中人们讨论更多的是生物成因或热成因，并且习惯上将生物成因与原地提供相互等同，将热成因与深部运移联系在一起。形成天然气水合物的烃类气体大多是这两种成因所生成气体的混合，只是这些甲烷来源的相对重要性目前还不很清楚(Davie and Buffett, 2003)。

在布莱克海台和秘鲁大陆边缘区，天然气水合物稳定带内沉积物中总有机碳(TOC)平均含量均较高(分别为 1.5%和 3%)，这些有机物质足以经原地转化成生物成因甲烷，并形成天然气水合物。但是，许多证据表明，甲烷从微生物产气带进入天然气水合物稳定带(GHSZ)中存在着向上和侧向运移作用，如布莱克海台天然气水合物分布区(Borowski, 2004)。

在卡斯凯迪亚(Cascadia)大陆边缘区、日本南海海槽区和智利三联点区，天然气水合物稳定带内沉积物中 TOC 平均含量均较低(卡斯凯迪亚小于 1%、日本南海海槽区约 0.5%和智利三联点区小于 0.5%)，显然由这些有机碳在原地转化为生物成因甲烷不足以形成天然气水合物，深部甲烷来源应是这些天然气水合物中甲烷的一种主要供应机制。

近年来，科学家还注意到天然气水合物与其下部的游离气藏或气体储集体或油气储集体等之间可能存在联系，如分别在卡斯凯迪亚天然气水合物海岭区、秘鲁近海利马盆地、智利三联点区、墨西哥湾、挪威大陆边缘斯托雷加(Storegga)海底滑坡区、加拿大马更些(Mackenzie)三角洲和美国阿拉斯加北坡识别出天然气水合物稳定带下部存在着过高压的游离气藏或气体储集体或油气储集体，这可能为天然气水合物研究提供一种新的思路。因此，浅部微生物成因气和深部热成因气的烃类气体及其供应量构成了天然气水合物成藏气源供给系统。

1.3.2 流体输导系统

通常，天然气水合物稳定带内部生成的微生物甲烷气较少，也很难达到足够的温度去形成热成因气。要形成高丰度的天然气水合物矿藏，必须要有充足的天然气通过合适的通道运移至天然气水合物稳定带。因此，流体输导系统也是天然气水合物成藏系统的一个关键部分。沉积地层中，气体主要以三种方式运移：①游离气相扩散作用；②水溶气相随水介质运移；③独立气相的浮力作用。扩散作用过程缓慢，较难形成大型天然气水合物矿藏。而具有渗透性的裂缝、断层、底辟等通道系统可以作为气体运移的高效输导系统。

在布莱克海台，过去一直认为天然气水合物中甲烷是有机质原地转化而成，即源于生物成因来源，但通过对地震资料处理分析(Holbrook et al., 2002a, 2002b)及模拟分析(Davie and Buffett, 2003)研究认为，该区存在着甲烷气体向上运移或毛细管作用。定量模拟结果显示，该区经沉积物压实驱动运移而来的甲烷占形成天然气水合物总量的 15%~30%(Gering, 2003)。在其他海域，如以生物成因气体组成的秘鲁大陆边缘天然气水合物区(Suess and Huene, 1988)，以热成因气体组成的卡斯凯迪亚大陆边缘天然气水合物海岭区(Tryon et al., 2002)、墨西哥湾天然气水合物区(Sassen et al., 1994)、智利三联点(Chile Triple Junction)天然气水合物区(Behrmann et al., 1992)、日本南海海槽(Nankai Trough)天然气水合物区(Taira and Pickering, 1991)、挪威大陆边缘 Storegga 天然气水合物区(Bunz et al., 2003)等均存在大量与天然气水合物形成有关的深部来源甲烷烃类气体的运移作用。Milkov 等(2004)还在卡斯凯迪亚大陆边缘天然气水合物海岭区 BSR 之上和之下层位的沉积物中进行了甲烷含量的直接测量，结果显示在有烃类气体从深部增生复合体向海底运移的较小区域内，沉积物中甲烷含量高，天然气水合物和游离气含量均丰富；相反，在大片缺少该系统的区域内，沉积物中甲烷含量低，天然气水合物含量也较少，游离气几乎没有，这显示出气体运移在天然气水合物形成中的重要作用。可以说，无论是微生物成因还是热成因，甲烷形成的天然气水合物大多都存在着流体运移的供给，流体运移是天然气水合物形成过程中的一种普遍现象。

Fehn 等(2007)通过对与天然气水合物密切相关的孔隙水中碘含量及垂向分布规律示踪分析，认为不管是活动大陆边缘还是被动大陆边缘的天然气水合物，均存在着深部富含烃类(有机质)流体的向上运移作用，如主动大陆边缘区的加拿大外海天然气水合物海岭区、秘鲁大陆边缘、日本南海海槽、美国布莱克海台等，被动大陆边缘区的黑海、墨西哥湾等。这些地区的天然气水合物形成均与深部富含有机质生成的流体向上释放和运移作用有关，其中这些地区海底的泥火山即是流体释放的一种表征现象。虽然在被动大陆边缘区流体释放现象如海底泥火山等并不特别发育，但是地球化学调查结果显示同样存在着富含烃类气体流体运移过程(Borowski, 2004)。其中，流体运移通道在天然气水合物形成过程中发挥着关键作用，它们与天然气水合物形成过程密切相关。在已知的或推断的天然气水合物产区，根据其地质产状或地震资料特征均可清晰地辨别出这种流体运移通道体系。在布莱克海台天然气水合物区，地震剖面上观察到正断层或垂直通道(Gorman et al., 2002)穿越 BSR 现象，其周期性破裂可以为大量甲烷从深部储层向上运移提供一种主通道(Rowe et al., 1993a, 1993b)。Holbrook 等(2002a，2002b)也认为该区凹陷周缘存在着甲烷逃逸断裂构造和侧向运移沉积构造。在卡斯凯迪亚大陆边缘天然气水合物海岭区，Hyndman 和 Davis(1992)及 Pecher 等(2001)指出过气体运移通道为形成天然气水合物提供充足甲烷供应的重要性，Torres 等(2004)通过地震资料，在 BSR 到海底的整个天然气水合物稳定带中均观测到断层发育，并用图示的形式解释了甲烷深部流体沿着断裂通道穿过 BSR 及天然气水合物稳定带一直通达海底等不同作用。Tréhu 等(2003)还在该区 ODP204 航次中发现一个特殊的地震反射层，从 BSR 下方约 200 多米深处斜穿而上，根据其沉积物组成、测井数据和孔隙水锂离子含量特征及沉积物顶空气和保压取心样品分析结果，推测为一个把气体和流体从下伏增生体传送到天然气水合物海岭峰脊的重要通道或"铅管状"(plumbing)运移体系。在秘鲁大陆边缘(Pecher et al., 2001)、墨西哥湾(Hutchinson et al., 2004)、挪威大陆边缘 Storegga 区(Bunz et al., 2003)、西南非大陆边缘(Ben-Avraham et al., 2002)等天然气水合物或 BSR 分布区，均直接观测到或在地震剖面上识别出大量的多边形断层系或"扫帚状""烟囱状"等构造，这些断裂系统有的止于天然气水合物稳定带之下，有的则直接到达海底。可见，天然气水合物成藏流体输导系统主要指携带烃类气体的多相流体在不同通道下的运移作用，包括它们的扩散运移和对流运移作用及各种流体的运移通道。

1.3.3 矿藏储集系统

与常规油气藏不同，天然气水合物成藏对储集层要求较低。理论上，只要在一定的低温高压环境下，具有充足的气体和适量的水，就可形成天然气水合物矿藏。因此，形成的天然气水合物储集层不是一个圈闭，而是一个由低温高压环境控制的天然气水合物稳定带范围。通常，当海底温度在 0~2℃，水深大于 300m，即可形成天然气水合物稳定带。而天然气水合物储集层可以形成于这个稳定带范围的任何区域。当天然气水合物形成于稳定带底部时，其下往往聚集一定的游离气，从而在地震剖面上形成 BSR，因此，一般也可以通过识别 BSR 来确定天然气水合物储集层范围。除温压控制的储集层范围外，天然气水合物形成的储集层还受构造和岩性控制。如砂质储集层要优于泥沙质储集层，泥沙质储集层要优于砂质黏土储集层。而沉积组分如硅藻、有孔虫等含量变化特征对天然气水合物富集也有一定的影响。同时，在自然界中，天然气水合物产出也明显受构造控制，它不仅受到断层几何特征的影响，还受到断层封闭程度的影响，此外，对天然气水合物富集影响的构造因素其实也包括各种微构造如微裂隙、微断层等。整体上，可以说构造和岩性是天然气水合物产出的两个最主要影响因素，它们和天然气水合物形成的基本温压条件共同构成了天然气水合物成藏的矿藏储集系统。

第 2 章　天然气水合物成藏的气源供给系统

天然气水合物成藏的气源供给系统是天然气水合物成藏系统研究中的最基本问题，包括天然气水合物成藏的气体来源、成因类型及资源潜力等，它直接决定着天然气水合物的分布及矿藏规模。通过对世界各地的天然气水合物样品的烃类气体成分比值 R 和甲烷碳同位素 $\delta^{13}C$ 的组成分析显示，目前自然界已发现天然气水合物均为有机成因气，其中，大洋中的天然气水合物的甲烷绝大多数由微生物成因，但墨西哥湾、里海、黑海、加拿大 Malik 等少数地区的天然气水合物是由热成因气或混合成因气组成。Paull 等（1994）的研究表明，深部的热成因气及由天然气水合物稳定带下部向上运移的生物成因气对形成厚层的天然气水合物非常关键。不同成因类型的烃类气体具有不同的成藏机制、不同的运移聚集方式，并影响到天然气水合物的成藏过程及其分布特征，因此，天然气水合物气源供给系统研究意义重大。

2.1　气　体　来　源

从理论上说，只要在天然气水合物形成的稳定条件下，体系中具有足够的气体分子和水，就可以形成天然气水合物，这一点已经为天然气水合物的合成实验所证实。烃类气体，无论成因来源，只要具有足够的浓度，满足天然气水合物形成的特定的低温高压条件，都可以作为天然气水合物的气体来源，形成天然气水合物矿藏。

因此，形成海底天然气水合物的气体具有四种可能的来源：①海水中溶解的甲烷；②海底天然气水合物稳定域内沉积物中生成的微生物成因甲烷（微生物成因气）；③海底天然气水合物稳定域之下沉积物中生成的微生物成因甲烷（微生物成因气）及海底深部沉积物中有机质热降解生成的烃类气体（热成因气）；④地球深部的无机成因甲烷（樊栓狮等，2004）。上述第③种成因的甲烷无疑应当是海底天然气水合物中最主要的贡献者。原因如下。

(1) 海水溶解的甲烷。

海水溶解甲烷的浓度很低，远不能从海水中析出。全球海洋不同地区海水溶解甲烷的含量已经进行了大量的研究。目前积累的资料表明海水溶解甲烷的浓度一般在 $10^{-8}cm^3/g$ 数量级。其中北大西洋次表层为 $4\times10^{-8}\sim5\times10^{-8}cm^3/g$，深层则为 $0.6\times10^{-8}cm^3/g$。黑海海底富含有机质的，其海水溶解甲烷的浓度比较高，在 1000m 深处甲烷浓度可达 $15\times10^{-8}cm^3/g$。海底温压条件下甲烷的溶解度大致在 $1cm^3/g$ 数量级（甲烷在盐水中的溶解度稍低于纯水，但相差不大），远远高于海水中实际溶解甲烷的浓度。从这一角度考虑，海水溶解的甲烷不可能是海底天然气水合物的主要气源。

(2) 地球深部来源气体。

地球深部来源气体也不大可能成为海底天然气水合物的主要气源。首先，目前资料表明，地球深部来源气体中含碳物质的主要成分是二氧化碳而不是甲烷。其次，海底天然气水合物的碳同位素表现为有机(生物)成因的特征而不是无机成因的特征。另外，海洋底部地球深部气体排出的部位温度较高，不适合甲烷天然气水合物的生成。脱出的甲烷热解到海水中即使可以运移到温度较低的海底，由于其浓度太低也难以析出为天然气水合物。

(3) 海底天然气水合物稳定带内沉积物中生成的微生物成因甲烷(生物气)。

海底天然气水合物存在于一定厚度的海底沉积层中，但这段沉积层中的有机质对天然气水合物的贡献极为有限。最主要的原因是，天然气水合物层的温度远低于有机质通过微生物作用大量生成甲烷的温度(25~65℃)，因此，不论该层沉积物中有机质的含量有多高，都很难作为海底天然气水合物的"气源岩"。

(4) 海底天然气水合物稳定带之下沉积物中生成的微生物成因甲烷(生物气)及海底深部沉积物中有机质热降解生成的烃类气体(热成因气)。

目前已发现天然气水合物地区的样品表明，天然气水合物成藏的气源主要为微生物成因气和热成因气，由于在海域，天然气水合物稳定带主要位于海底以下600m以内，这个区域原地难以生成大量微生物气，也很难生成热成因气，因此，天然气水合物成藏气体主要来源于海底稳定带之下的沉积层中有机质生成的甲烷。

综上所述，海底天然气水合物应当分布于沉积盆地上方，沉积盆地中应存在有机质丰度足够高的烃源岩层系。而海洋大部分地区沉积层很薄或缺失，不具备形成甲烷天然气水合物的气源条件。这就是海底甲烷天然气水合物只发现于大陆边缘海底的重要原因。而根据这一原理，海底天然气水合物的下方应当存在含有游离天然气的层系，也有可能存在常规天然气聚集。

2.2 气体成因类型

从目前的研究认识来看，自然界中尚未找到无机成因的天然气水合物矿点。但我们不能就此认为没有无机成因的天然气水合物存在，只能说明该类天然气水合物并不普遍。因此，目前认为海底天然气水合物的烃类气体成因，常见的一般为微生物成因气、热成因气以及混合成因气。在分析确定形成天然气水合物的烃源供给的气体来源时，一般常常以甲烷的同位素 $\delta^{13}C_{CH_4}$ 值和碳氢化合物气体成分比值 $[R=\delta^{13}C_1/\delta^{13}(C_2+C_3)=\delta^{13}C_{CH_4}/\delta^{13}C_{C_2H_6+C_3H_8}]$ 来区分微生物成因气和热成因气。

甲烷的 $\delta^{13}C_{CH_4}>-55‰$ 的，气体来源判识为热成因气；甲烷的 $\delta^{13}C_{CH_4}\leq-90‰$，气体来源判识为微生物成因气，介于二者之间则为混合气。碳氢化合物气体成分比值 $R<100$ 为热成因气，$R>1000$ 则属于微生物成因气，介于两者之间为混合成因气。

2.2.1 微生物成因气

1. 微生物成因气生成机理

微生物成因气是指沉积物中的有机质在细菌作用下转化而成的甲烷气体，它主要是由二氧化碳还原作用和醋酸根发酵作用形成的(Schoell, 1980),其中二氧化碳加氢还原反应生成的天然气是微生物成因气的主要来源。参与还原反应生成天然气的二氧化碳主要是由原地有机质的氧化作用和脱羧作用形成的,因此丰富的有机质对微生物成因气大量形成非常重要。具体过程为

$$CO_2 + 4H_2 \longrightarrow CH_4 + 2H_2O \quad (二氧化碳还原作用)$$

$$CH_3COOH + 4H_2 \longrightarrow CH_4 + CO_2 \quad (醋酸根发酵作用)$$

2. 影响微生物成因气生成的因素

影响微生物成因气生成的因素主要包括两个方面:一是物质条件,即丰富的可供微生物群体利用的营养源,如沉积物中原始有机质类型、有机质富集程度;二是适宜微生物生长繁殖和维持较高活性的环境条件,如温度、沉积速率、氧化还原环境、盐度、酸碱度等。

3. 微生物成因气生成物质基础

1) 有机质丰度

丰富的有机质来源是微生物成因气大量生成的物质基础,但是否可以采用传统的总有机碳(TOC)含量来评价微生物成因气源岩生烃能力仍存在争议。多数学者认为微生物成因气生成的主要底物为有机大分子被各种微生物分解形成的可溶部分,不可溶部分则与微生物成因气形成无关,而常规用于评价烃源岩质量的指标 TOC 为有机质在沉积和成岩过程中经历了各种复杂作用(首先是生物化学作用,后来是热化学作用),保存下来的残余有机质中的碳含量,因此该指标对微生物成因气源岩评价没有很好的指示意义,应考虑 TOC 对微生物成因气生成的重要性。由于地层在埋藏成岩过程中,可溶有机质部分丢失,所以难以恢复 TOC 含量。但是,梅建森等(2007)发现柴达木盆地三湖地区地层有机碳含量与微生物成因气层段具有较好的一致性,即有机碳含量高,地层含气可能性大,且有机碳含量与总有机碳含量具有线性正相关关系。

2) 有机质类型

甲烷菌不具有直接分解有机质的能力,它主要依赖于发酵菌和硫酸盐还原菌分解有机质而产生的二氧化碳、氢气、甲酸、乙酸等取得碳源和能源而得以生存,并以此为基质进行生物化学作用而产生生物甲烷气。甲烷菌的营养来源主要是纤维素、半纤维素、糖类、淀粉及果胶等碳水化合物和海相有机质中的蛋白质,这些物质在草本植物中含量远高于木本植物,这就决定了微生物成因气的最佳母质为半腐殖型和草本腐殖型有机质。

4. 微生物成因气生成的环境条件

1) 温度

众多研究表明,产甲烷菌存活的温度环境为 0～80℃,主生气带温度是 25～65℃。

虽然有研究表明产甲烷细菌可以在高于 100℃时仍能存活，然而大量的实际资料表明，温度太高，细菌的种类、数量都急剧减少，细菌的个体也逐步变小，其活性亦减弱，对大量生成生物甲烷意义不大。

若开阔海域的平均地温梯度为 2.0～2.5℃/100m，陆架区地温梯度较高，最高约为 2.9℃/100m。如此低的地温梯度导致生物甲烷生成的极限埋深深度可达 3000m。Shwe 气田埋深为 2750～3200m，也证实该地区低地温梯度扩展了微生物成因气生成及成藏的深度范围。

2) 沉积速率

快速沉积易形成厌氧还原环境，避免有机质被氧化破坏，有利于有机质保存。高沉积速率会形成巨厚地层，增加有机质通量，为生成大量的微生物成因气提供充足的气源条件。高沉积速率会导致地层压实程度低，孔隙发育，有利于微生物的生存和繁衍；另外快速沉积埋藏作用也减弱了从上覆海水中不断补给溶解硫酸盐，为产甲烷菌的生存和繁殖创造有利的地层环境条件。高沉积速率也有利于形成优质盖层，阻止甲烷的扩散耗失，进而使微生物成因气得以保存。加拿大东南岸的大马南海盆浅层取心资料表明，相同埋深 2m 的岩心，在沉积率为 20cm/ka 的岩心中，甲烷含量为 30～40mL/kg，而另一沉积速率为 134cm/ka 的岩心中，甲烷含量高达 21800mL/kg，是前者的 500 倍。

显然，微生物成因的天然气水合物甲烷气大多来源于原位沉积物，气量的大小取决于沉积物中有机质的含量。微生物成因甲烷气主要存在于 I 型天然气水合物中，其中甲烷占烃类气体的 99%以上，其碳氢化合物气体成分比值 $R>1000$，甲烷的 $\delta^{13}C$ 值为 $-90‰\sim-55‰$。控制生成微生物成因气的根本因素是细菌可以利用的营养源（有机质）和细菌生存以及繁衍并维持较高活性的地质条件。

根据世界上已有的微生物成因气资源潜力及形成条件分析，微生物成因气大量形成，其有机质总有机碳含量一般要求大于 0.5%，也有资料证实形成微生物成因气仅要求烃源岩中有机碳含量达到 0.12%即可。微生物成因气生成温度范围介于 0～85℃，而生气高峰的最佳温度为 45℃左右。目前世界上微生物成因气储量约占已勘探发现的天然气总储量的 20%，表明其在天然气资源及储量构成中具有重要地位。总之，虽然目前在世界范围已勘查发现了某些具有热成因气气源的天然气水合物成因类型，但从天然气水合物成藏系统综合考虑，尤其是烃源供给运聚系统的"畅通性"与运移输送效率综合考量，对于海域深水海底浅层天然气水合物而言，其微生物成因气气源供给系统仍然起主导作用。

2.2.2 热成因气

热成因甲烷是在有机质热演化过程中生成的，当有机质演化到成油阶段后，受深层热解作用而形成的甲烷气体，在早成熟期间，热成因甲烷与其他的烃类和非烃类气体一起生成，通常伴生有原油。在热演化程度最高时（图 2.1），干酪根、沥青和原油中的 C—C 键断裂，只有甲烷生成。成熟度随着温度的升高而升高，每类烃都有最有利于其生成的热窗。对于甲烷，主要是在 150℃时生成的（Tissot and Welte, 1978; Wiese and Kvenvolden, 1993）。在此过程中，碳同位素出现分馏较少，因此它的碳同位素组成与沉积物有机质碳同位素组成比较接近，其碳氢化合物气体成分比值 $R<100$，甲烷的 $\delta^{13}C>-55‰$，主要存在于 II 型和 H 型天然气水合物中（Collett et al., 1993），形成天然气水合物的热成因甲烷均来源于地球深部。

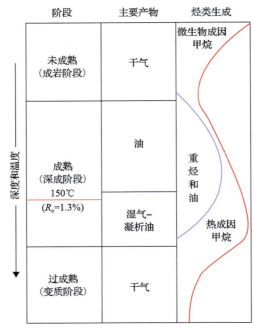

图 2.1　沉积物有机质的演化

早些时候的研究认为，天然气水合物中的甲烷主要来源于微生物烃源岩，因此资源评价过程中也只关注微生物烃源岩。但是针对美国阿拉斯加北部（Collett et al., 2008a, 2008b）和加拿大（Dallimore and Collett, 2005）的研究却表明，热成因烃源岩对高丰度天然气水合物聚集的形成是非常重要的。

2.2.3　混合成因气

混合成因甲烷是指既有微生物成因气又包含热成因气的甲烷混合气。墨西哥湾天然气水合物中除了主要为热成因甲烷外，也具有微生物成因甲烷，因此部分地区为混合成因甲烷。

微生物成因气的形成是一个持续的动态过程，也就是说，微生物成因气的供应持续能够维持形成天然气水合物体系的相态稳定。生成微生物成因气的地层埋藏浅，其岩性比较疏松，砂岩和粉砂岩具高孔渗漏特征。因此微生物成因气在富集成藏以及形成天然气水合物的过程中有良好的储集空间，满足天然气水合物形成的输导体系。由于海域产甲烷菌活动的范围涵盖天然气水合物的稳定带，与形成微生物成因气藏不同的是，疏松地层中微生物成因的甲烷可以先形成天然气水合物而无须良好的封盖条件。产甲烷菌活动的范围十分宽泛，因此微生物成因气能够持续地向天然气水合物的稳定带内供应，而形成天然气水合物矿藏。根据世界各地的天然气水合物样品特征（Kvenvolden, 1994），分析了烃类气体成分比值 R 和甲烷碳同位素 $\delta^{13}C$ 的组成(表2.1),结果表明:目前,世界上海域发现的天然气水合物,除个别地区含有热成因气外,绝大多数为有机成因类型(包括微生物成因、热成因以及二者的混合成因),其中微生物成因的天然气水合物占绝大多数,大西洋西部的布莱克海台是典型的微生物成因,其他的产地还有加利福尼亚北部海域、俄勒冈海域、日本南海海槽、鄂霍次克海和黑海等(Brooks et al., 1986)。热成因甲烷气的矿点相对较少,只分布于墨西哥湾、里海、加拿大 Mallik 等地区。

表2.1 含天然气水合物沉积物层碳同位素及甲烷浓度

地区	样品种类	甲烷浓度/%	碳同位素/‰	数据资料来源
ODP112 航次	沉积物	>99	−79~−55	Kvenvolden 和 Kastner(1990)
ODP112 航次	天然气水合物	>99	−65.0~−59.6	Kvenvolden 和 Kastner(1990)
Eel 河盆地	天然气水合物	>99	−69.1~−57.6	Brooks 等(1991)
黑海	天然气水合物	>99	−63.3~−61.8	Ginsburg 等(1992)
DSDP96 航次	沉积物	>99	−73.7~−70.1	Pflaum 等(1986)
DSDP96 航次	天然气水合物	>99	−71.3	Pflaum 等(1986)
Garden 海岸气	天然气水合物	>99	−70.4	Brooks 等(1986)
Green 峡谷	天然气水合物	>99	−69.2~−66.5	Brooks 等(1986)
密西西比峡谷	天然气水合物	97	−48.2	Brooks 等(1986)
里海	天然气水合物	59~96	−55.7~−44.8	Ginsburg 等(1992)
DSDP84 航次	沉积物	>99	−71.4~−39.5	Kvenvolden 和 Mcdonald(1985)
DSDP84 航次	天然气水合物	>99	−43.6~−36.1	Kvenvolden 等(1984)
DSDP84 航次	天然气水合物	>99	−46.2~−40.7	Brooks 等(1985)
DSDP11 航次	沉积物	>99	−80~−70	Claypool 和 Kaplan(1974)
DSDP76 航次	天然气水合物	>99	−68.0	Galimov 和 Kvenvolden(1983)
ODP164 航次	天然气水合物	>99	−69.7~−65.9	Matsumoto 等(2000)
Mallik 地区	冻土沉积物	>99	−48.7~−39.6	Uchida 等(1999)
日本南海海槽	天然气水合物	>99	−70~−68	Waseda 和 Uchida(2000)

2.3 气源潜力

从目前发现和研究的成果来看,天然气水合物成藏的气体主要来自气源岩在生物化学作用阶段与热演化成熟阶段形成的微生物成因气和热成因气。因此,微生物成因气与热成因气是决定天然气水合物的形成和分布的重要控制因素(Collett, 1993, 2002; Kvenvolden, 1993; Collett et al., 2008a, 2008b),其生气潜力评价是天然气水合物矿藏资源评价的关键步骤。在天然气水合物资源评价研究中,当评价一个给定的天然气水合物矿藏中可能存在的天然气体积时,很多工作都放在量化可能的气源岩上(Collett, 1995;

Klauda and Sandler, 2005; Frye, 2008）。不管是微生物成因还是热成因的烃源岩，这些评价通常包括一系列最低烃源岩标准值，如有机质丰度（总有机碳）、沉积物厚度和热成熟度。

以往的研究表明，依据气体碳同位素结合天然气水合物形成地质条件分析，大部分大洋深水海底浅层（深水海底 100～300m）天然气水合物的气源供给多属微生物成因甲烷。即深水海底天然气水合物中的甲烷主要来自海底浅层有机质生物化学作用所形成的生物甲烷，因此，天然气水合物资源评价预测中多关注这种微生物甲烷气源。微生物成因的天然气是由微生物对有机质的分解作用形成的，有两种来源：二氧化碳还原反应和发酵作用，其中二氧化碳的还原反应生成的天然气是微生物成因气的主要来源。参与还原反应生成天然气的二氧化碳主要是由原地有机质的氧化作用和脱羧作用形成的，因此丰富的有机质对微生物的形成非常重要。Finley 和 Krason（1989）对布莱克海台海洋沉积物的研究表明，当 TOC 含量为 1%时，如果沉积物中所有有机质全部转化为甲烷，那么由此形成的天然气水合物可以占据孔隙度为 50%的沉积物中 28%的孔隙空间。实际上，有机质 100%转化为甲烷并不现实（Kvenvolden and Claypool, 1988）。美国地质调查局（USGS）在 1995 年美国天然气水合物资源评价中认为，微生物转化有机质的效率为 50%（Collett, 1995），如此就设定了海洋环境中天然气水合物形成所需要的 TOC 最低含量为 0.5%。由于多数天然气水合物稳定带中沉积物厚度较小且总有机碳含量较低，在天然气水合物稳定带内部通过微生物作用形成的甲烷可能不足以形成厚层的天然气水合物。Paull 等（1994）的研究表明，从深部向上运移的生物成因气是形成厚层天然气水合物的必要条件。一旦天然气水合物稳定带形成，来源于稳定带底部和深部的微生物成因气就可以形成聚集。

尽管碳同位素资料显示很多大洋天然气水合物中的甲烷是微生物成因的，但是实际的天然气水合物样品的分子和同位素地球化学分析却表明，来源于墨西哥湾、阿拉斯加北部、马更些三角洲、梅索亚哈气田、日本南海海槽、里海和黑海天然气水合物中的天然气是热成因的（Collett, 1995, 2002; Dallimore and Collett, 2005）。

尤其是在美国阿拉斯加北部和加拿大陆域天然气水合物钻探成果均表明，热成因烃源供给条件对高丰度、高饱和度天然气水合物富集成藏至关重要。此外，在墨西哥湾以及普拉德霍湾等许多区域亦发现有热成因与生物成因构成混合气源的天然气水合物类型。

根据以往研究及近年来油气勘探成果，南海北部陆坡深水区具备微生物成因气形成的物质基础及地质条件，且勘探业已证实在 2300m 以上均存在广泛的微生物成因气分布。勘查研究表明，白云凹陷神狐调查区上中新统—全新统海相泥岩干酪根镜质组反射率（R_o）一般均低于 0.7%，多为 0.2%～0.6%，处于未熟—低熟的生物化学作用带，是重要的微生物成因气烃源岩。该微生物成因气烃源岩有机质丰度较高，上中新统—第四系海相泥岩 TOC 平均为 0.22%～0.49%，且不同层位及层段变化不大分布稳定。其中，第四系沉积物 TOC 平均为 0.22%～0.28%；上新统泥岩 TOC 平均为 0.30%～0.39%；上中新统泥岩 TOC 平均为 0.49%。微生物成因气烃源岩生烃潜量较低但较稳定。上中新统—全新统海相泥岩生烃潜量（S_1+S_2）平均为 0.13～0.32mg/g，与西北部莺歌海盆地勘探已证实的气源岩生烃潜量差不多。南海北部陆坡西部琼东南及西沙海槽调查区上中新统—第四系海相泥岩及沉积物,有机质丰度及成熟度和生烃潜量亦与珠江口盆地神狐调查区类似,亦具有微生物成因气形成的物质基础和基本地质条件。总之,南海北部陆坡及陆架区在3200m以上的海相地层及沉积物有机质,基本上均处在未熟—低熟的生物化学作用带,有机质丰度较高且具备一定的生烃潜力,完全可以为该区天然气水合物形成提供充足的微生物成因气气源供给。同时,局部区域断层裂隙与泥底辟及气烟囱发育的区带,如神狐调查区和东沙调查区以及琼东南南部及西沙海槽调查区的某些区带,断层裂隙和泥底辟及气烟囱较发育,这些具有纵向连通的地质体均可作为非常好的流体运聚通道,亦可将深部热成因气气源输送至深水海底浅层高压低温稳定带形成天然气水合物矿藏。根据近年来深水油气勘探成果及地质研究表明,这些区域其深部热成因气烃源条件非常好,目前已在神狐调查区深部和琼东南盆地西南部深水区陆续勘探发现了以深部成熟-高熟热成因气为气源的LW3-1等常规气藏及油气藏和LS17-2等常规气藏以及多处油气显示。

综上所述,南海北部陆坡深水区烃源供给条件较好,不但具有充足的生物成因气气源供给,而且某些局部区带断层裂隙和泥底辟及气烟囱发育亦能够提供深部热成因气气源供给,同时这些深部热成因气亦可与浅层微生物成因气构成混合气源为天然气水合物稳定带提供充足的烃源供给,最终形成"微生物成因气扩散与热成因气渗漏混合型"复式聚集的天然气水合物类型。需强调指出的是,天然气水合物烃源供给体系的关键控制因素,除了本身具备生烃物质基础及较大生烃潜力,能够为天然气水合物形成提供充足的气源供给外,还必须具有能够以不同流体运移方式与天然气水合物高压低温稳定带有效沟通和连接的运聚输导通道系统较好的时空耦合配置。因此,天然气水合物烃源供给体系的流体运聚方式及与高压低温稳定带的互联互通至关重要。

第 3 章 天然气水合物成藏的流体输导系统

天然气水合物成藏的流体输导系统是天然气水合物成藏系统中连接携带烃类气体的多相流体和天然气水合物稳定带的纽带，约束着多相流体的运移路径。从目前的勘查实践来看，天然气水合物成藏的气源主要来自微生物成因气和热成因气。受低温高压稳定带条件的控制和制约，天然气水合物在海域一般均赋存于水深大于 500m，海底以下 800m 以内的浅层未成岩沉积物中。显然，在天然气水合物稳定带范围内形成的微生物成因气尚不足以形成规模较大的高丰度天然气水合物藏。此外，大部分天然气水合物稳定带附近的沉积物有机质均未达到成熟生烃成气门槛，也不能形成热成因气气源。因此，流体输导系统是天然气水合物成藏系统的一个关键部分，一个良好的流体运聚输导通道对大型天然气水合物藏形成至关重要。全球勘探发现或推测证实的天然气水合物富集区，如墨西哥湾、布莱克海台、日本南海海槽、韩国郁陵盆地等均发现或证实这些区域存在由断层、底辟、气烟囱等构造形成的天然气运移系统。

3.1 输导体系类型

输导体要素就是具有相互连通且渗透性较强的可供流体流动和烃类气体运移的通道空间的地质体。断层、裂隙、泥底辟、盐底辟、气烟囱和连通性砂体等都可作为输导体要素。它们在三维空间的组合和配置构成了约束流体活动和烃类气体运移的输导系统。如果说天然气水合物成藏系统是一个大工场，那么含气流体是零件，而流体输导系统则好比无数传送带，将含气流体输送到天然气水合物稳定带这一"加工车间"，通过多条件耦合，最终产出天然气水合物。

在实际运用中通常根据输导系统的作用进行分类，其中最常见的是根据输导要素组合方式和空间形态划分。总结、归纳全球天然气水合物典型发育地区的通道特征(图 3.1)，将天然气水合物流体输导系统分为两大类：纵向输导系统和横向输导系统。纵向输导系统在垂向上充当含气多相流体与天然气水合物稳定带之间的桥梁，它主要包括断层-裂隙构造、气烟囱与底辟构造，其中底辟又包括泥底辟和盐底辟两种构造。横向输导系统是指在水平方向上起沟通作用的通道集合，如渗透层，具体包括火山灰层和砂层。

表 3.1 输导系统类型的典型发育区域

输导系统分类	名称		典型发育区域
纵向输导系统	断层-裂隙构造	断层构造	印度大陆边缘 K-G 盆地
		裂隙构造	墨西哥湾/韩国郁陵盆地
	气烟囱	气烟囱构造	韩国郁陵盆地
	底辟构造	泥底辟构造	鄂霍次克海

续表

输导系统分类	名称		典型发育区域
纵向输导系统	底辟构造	盐底辟构造	墨西哥湾
横向输导系统	渗透层	火山灰层	天然气水合物脊
		砂层	天然气水合物脊

注：K-G 盆地指克里希纳-戈达瓦里(Krishna-Godavari)盆地

3.2 输导系统特征

3.2.1 纵向输导系统

1. 断层-裂隙构造

1) 断层

断层构造是纵向输导系统的主要组成部分，它不仅可以作为输送含气流体的通道，其断裂破碎带也在一定程度上扩大了天然气水合物储集层的范围。

印度东海岸的 K-G 盆地发育典型的断层构造，以 NGHP-01-10 站位为例，断层构成了该站位天然气水合物的纵向输导系统。在平面上两组断层呈现不同的延伸方向，A 组断层近 NNW-SSE 向，B 组断层近 NW-SE 向，彼此之间构成一个小于 90° 的夹角，富含天然气水合物的区域被紧紧包裹其中。剖面上两组断层平行排列，倾向一致，发育正断层特征。两组断层刺穿海底 BSR 发育层，使得游离气可以输送至浅层稳定带范围，在一定的温压条件下形成天然气水合物藏(图 3.1)。

2) 裂隙

裂隙虽规模比不上断层，但作为纵向输导系统的组成部分同样重要，以墨西哥湾和天然气水合物脊天然气水合物发育区最为典型。过墨西哥湾 AC21 站位剖面显示，裂隙在剖面上呈现织网状分布，尺度小，数量多。这些裂隙分布在海底 BSR 之下，成了游离气向稳定带传输的快速通道，大量的热成因气与周围地层的微生物通过此通道向上部的储集层运移聚集(图 3.2)。

2. 底辟构造

底辟构造是在地质应力的驱使下，深部或层间的塑性物质(泥、盐)垂向流动，致使沉积盖层上拱或刺穿，侧向地层遭受牵引而形成。通过大量实例研究表明，底辟构造与天然气水合物成藏密切相关，可作为天然气水合物垂向输导系统的重要组成部分。

1) 泥底辟

泥底辟指的是从海底深部物质挤入浅部沉积层的构造。严格区分泥火山和泥底辟是非常困难的，泥火山就是直达地表(或海底)的泥底辟，凡是挤入海底沉积层的构造都是底辟构造。

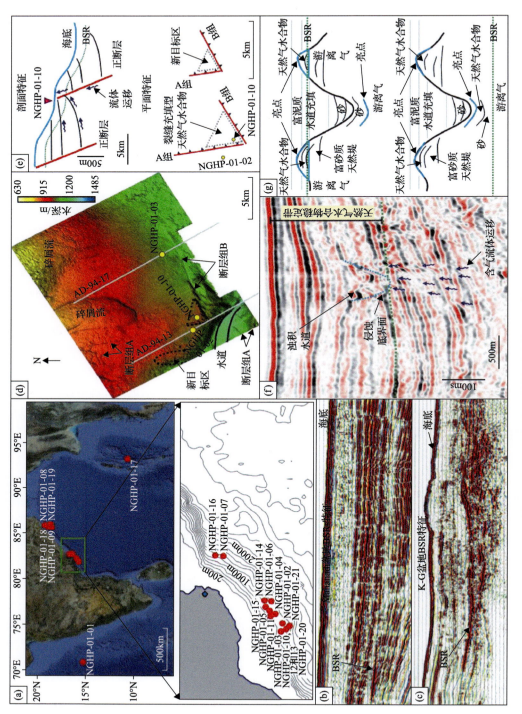

图3.1 K-G盆地断层与天然气水合物分布（据Riedel et al, 2010）

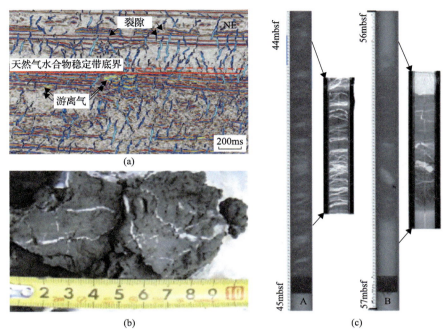

图 3.2 裂隙作用下的天然气水合物赋存状态（据 Boswell et al., 2012）

mbsf 表示海底（海床）以下深度，m

鄂霍次克海发育大量泥底辟构造，与天然气水合物汇聚成藏息息相关。从地震剖面上可以看出，泥底辟构造呈现大小不一的尖棱状，顶部细小，底部宽阔。泥底辟边界高低起伏并与周围围岩边界截然，内部发育杂乱反射、空白反射等。泥底辟的顶部伴生 BSR，指示天然气水合物的存在。由于泥底辟构造的挤压作用，周围地层发生不同程度的变形，通常下部地层变形程度高，可见地层上翘牵引现象，上部地层变形程度较低。泥底辟进一步挤压变形，便会刺穿海底，形成泥火山，剖面海底可见气体逸散逃离的气泡等，侧面说明泥底辟构造沟通了下部气源层与上部天然气水合物稳定带，并将部分气体输送至了海底（图 3.3）。

2）盐底辟

盐底辟属于底辟构造的一种，与泥底辟类似，为盐类塑性物质流动引起的沉积层上拱或者刺穿。

墨西哥湾天然气水合物发育区具有典型的盐底辟构造，如图 3.4 所示。地震剖面上盐底辟呈现下宽上窄的形态，越往上越收缩直至尖灭。盐底辟内部发育杂乱反射、空白反射等，连续性差，盐底辟两侧清晰可见与周围围岩的明显边界以及地层破碎，边界呈现大尺度波状起伏。由于盐底辟的挤压和流体活动，上覆破碎地层伴生一系列环状断层，这些断层具有正断层的性质。张性正断层充当气体输送通道的接力棒，当盐底辟将气体往上输送至底辟尖灭位置时，伴生断层则继续将其输送至天然气水合物稳定带范围甚至海底。

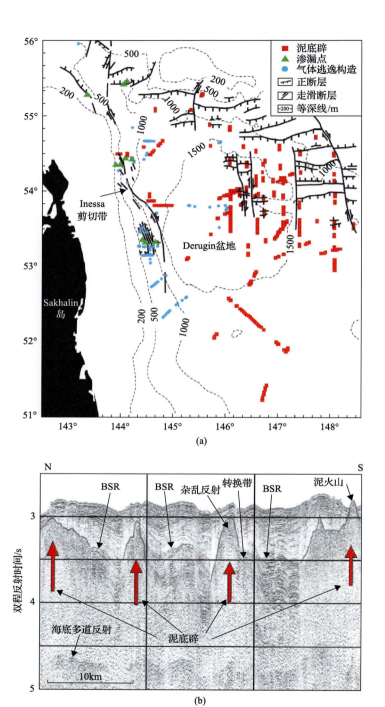

第 3 章　天然气水合物成藏的流体输导系统

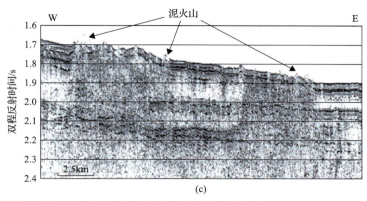

(c)

图 3.3　鄂霍次克海泥底辟(泥火山)输导系统分布及特征(据 Lüdmann and Wong, 2003)

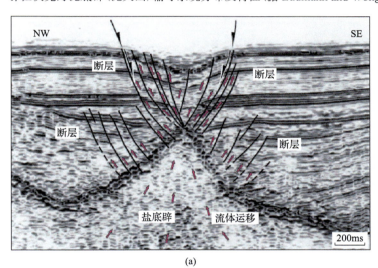

(a)

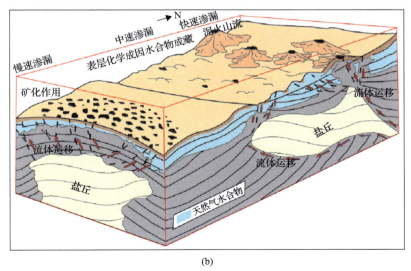

(b)

图 3.4　墨西哥湾天然气水合物盐底辟及含气流体运移(据 Rowan et al., 1999)

3. 气烟囱

气烟囱是地层内部圈闭气体由于压力释放上冲的结果,可以为深部气源向上输送提供良好的通道。

韩国郁陵盆地发育多个气烟囱构造,盆地中多数天然气水合物站位皆以这些与天然气水合物密切相关的气烟囱构造为选取依据,并获取了天然气水合物实物样品。气烟囱在地震剖面上具有不规则的形态,大小不一,与周围地层边界没有明显界线。气烟囱内部表现为弱振幅、弱连续性特征,局部表现出强振幅、连续的特征(振幅增强体),同时局部发育同相轴下拉现象,基本呈现垂向分布,其并未发生任何错断或滑动,具有幕式张合的特征(图3.5)。同时地震剖面上还发育天然气水合物丘和天然气水合物帽等一系列指示天然气水合物存在的标志,是深部气体向上部天然气水合物稳定带输送的结果,气体的冲注引起地形的变化。

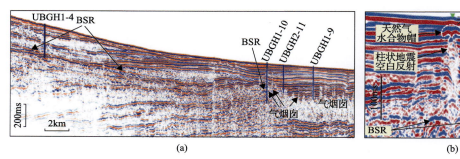

图 3.5　郁陵盆地气烟囱构造(据 Ryu et al., 2013; Choi et al., 2013)

MTC 为块体流

3.2.2　横向输导系统

地层中的高渗透层构造,包括火山灰层和高渗透砂层,皆可作为天然气水合物横向输导系统的组成部分,对气体输送起着至关重要的作用,直接影响天然气水合物成藏(图 3-7)。

1. 火山灰层

过天然气水合物脊 1245、1246、1244 和 1252 站位的剖面显示,剖面上发育明显的 BSR,表现为强振幅反射同相轴,与海底平行,从左往右依次切穿剖面上倾斜的强反射层 A 层、Y 层和 B 层 [图 3.6(a)]。根据取样样品分析,强反射 A 层富含火山灰,渗透性好,颗粒较粗,推测是此处气体向天然气水合物稳定带输送的首选通道。事实证明确实如此,元素地球化学分析表明,甲烷气通过强反射 A 层从增生复合体不断向天然气水合物脊顶部输送。

2. 砂层

过天然气水合物脊 WR313 站位的剖面显示,天然气水合物稳定带底界下伏强振幅反射同相轴和弱振幅反射同相轴相间排列，均终止于稳定带底界之下，根据解释，此相间排列地层为砂岩和泥岩层，强振幅反映砂岩层，弱振幅代表泥岩层。通过钻探证实，WR313站位发育天然气水合物。该处倾斜的砂岩地层充当了气体的输送通道：一是砂岩层相较周围的泥岩层孔隙度较大，气体更容易向砂岩层聚集；二是由于该砂岩地层为倾斜层，有利于气体向地层上倾方向输送至天然气水合物稳定带之上被捕获成藏[图3.6(b)]。

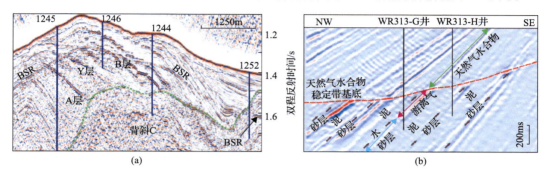

图 3.6 与渗透层运移通道作用相关的天然气水合物（据 Boswell et al., 2012; Teichert, 2005）

3.3 输导形式

3.3.1 气体的运移

在沉积地层中，甲烷和其他形成天然气水合物的气体有三种运移形式：①扩散作用；②运移水介质中溶解气的溶解作用；③独立气相的浮力作用。

扩散作用驱动的运移非常缓慢，大多数不能运移足够的天然气形成集中的天然气水合物聚集(Xu and Ruppel, 1999)。但是，以水溶气或独立气相进行的垂向运移却是非常有效的。这就要求渗透性的通道允许水和/或甲烷相通过。与水相运移模型相比，气相运移模型要求相对改善的流体流动通道。孔隙水流动和气泡相天然气在沉积物中都有渗透性的通道运移，如断层系统、多孔易渗的沉积层等。最常见的流体输导系统主要有断裂输导系统、底辟输导系统、气烟囱输导系统及滑塌面输导系统等，这些流体输导系统构成了天然气水合物稳定带下伏气体的重要输导运移系统，进而控制了天然气水合物成藏分布规模。

3.3.2 输导模式

人们提出了两个基本模型用来描述天然气垂向运移与天然气水合物形成之间的关系。由 Hyndman 和 Davis(1992) 首先提出的模型中，水(和一种溶解含水相的甲烷和其他潜在的天然气水合物形成物一起)向上运移进入天然气水合物稳定带，由于上升流体遇到降低的甲烷溶解度，导致甲烷溶出和天然气水合物的形成。大量的现场和实验室的研究显示，甲烷天然气水合物只有在孔隙水中，甲烷的浓度超过其溶解度的地方才能形成。大多数的海洋环境(活动的甲烷逸出区的外部)由于溶解甲烷的浓度非常低，所以天然气水合物不存在于近海底的沉积剖面内(Claypool and Kaplan,1974),另一个解释沉积物中天然气水合物形成的基本模型中,包括了甲烷的向上运移过程,甲烷以一种气泡相(独立的气相)进入天然气水合物稳定带和气泡与孔隙水的界面上分布的天然气水合物晶核。两种模型都要求渗透性的通道以允许水和(或)气相(如气泡)通过。与含水相运移模型比较,气相运移模型要求较强的流体流动通道。沉积物中,孔隙水流动和气泡相的运移模型都认为天然气集中沿着渗透性的通道运移,如断层系统或是多孔易渗的沉积层等。因此,如果没有有效的运移通道,就不能聚集成一个大型的天然气水合物气藏。

第4章 天然气水合物成藏的矿藏储集系统

矿藏储集系统包括三方面的研究内容：一是储集层的范围，它是由温度、压力等外部环境控制的天然气水合物能够形成并稳定存在的范围；二是储集层的类型，它是不同特征储集层的天然气水合物形成区域；三是储集层的控制因素，主要研究外部气源及其运移条件与内部储集层特征的控制作用。

从世界上已发现天然气水合物的区域来看，海域天然气水合物主要形成于稳定带深度在海底以下 600m 以内的地层中。这部分地层沉积物往往为疏松未固结的黏土或砂质（或粉砂质）黏土，孔隙度高，可达 50%甚至更高。而天然气水合物饱和度主要受储集层岩性、裂隙及下部运移来的甲烷通量共同控制。在较小的甲烷通量情况下，岩性相对粗的砂质沉积物中或裂隙中形成的天然气水合物饱和度更高，而在甲烷通量较大的情况下，岩性对天然气水合物储集层的控制作用减弱，即使渗透性较差的黏土依靠气体压力也可以成为高饱和度天然气水合物的储集层。

4.1 储集层范围

根据沉积相图和前人研究成果，合适的地温梯度、底水温度、水深条件、气体组成、孔隙水盐度等是形成天然气水合物的基本要求。天然气水合物存在于特定的温压条件下，可以计算出可能的天然气水合物稳定带的深度和厚度。一系列陆上永久冻土带的地下温度剖面和两个实验室推导的天然气水合物稳定曲线，展示了不同的天然气组成的温度-深度变化曲线（Holder et al., 1987），如图 4.1 所示。这些天然气水合物相态图，说明了地层温度、孔隙压力和天然气组成的变化可影响天然气水合物稳定带的厚度。在每张相态图上，平均表层温度假设为$-10℃$，但是每个温度剖面上（假设永久冻土带的深度为 305m、610m 和 914m），永久冻土带（0℃等温线）底面的温度是变化的。在永久冻土带之下，温度剖面上有三个不同的地温梯度（4.0℃/100m、3.2℃/100m 和 2.0℃/100m）。两条天然气水合物稳定带曲线分别代表含有不同天然气组分的天然气水合物。一条为含有 100%甲烷的稳定性曲线，另一条为含有 98%甲烷、1.5%乙烷和 0.5%丙烷的稳定性曲线。这三个相图唯一不同的是孔隙压力梯度，分别是 9.048kPa/m、9.795kPa/m 和 11.311kPa/m。

在每张相图中，可能的天然气水合物稳定带位于地温梯度线和天然气水合物稳定性曲线的两个交点所对应的深度段。如图 4.1(b)所示，静水压力梯度，冻土带底面为 610m 与 100%天然气水合物稳定性曲线相交在 200m，即为甲烷天然气水合物稳定带的上界。4.0℃/100m 的地温梯度线与冻土带底面为 610m、100%甲烷天然气水合物稳定性曲线相交在 1100m，因此，可能的甲烷天然气水合物稳定带的厚度约为 900m。但是，如果冻土带的深度为 914m，地温梯度为 2.0℃/100m，则可能的甲烷天然气水合物稳定带的厚度可达 2100m。大多数甲烷天然气水合物稳定性的研究都假设为静水压力梯度（Collett, 2002），压力梯度变小，对应天然气水合物稳定带的厚度变薄。可以通过对比这三个相图，观察孔隙压力的变化对天然气水合物稳定带厚度的影响。例如，图4.1(a)压力梯度为9.048kPa/m，冻土带深度为610m，地温梯度为2.0℃/100m，则100%甲烷天然气水合物稳定带的厚度

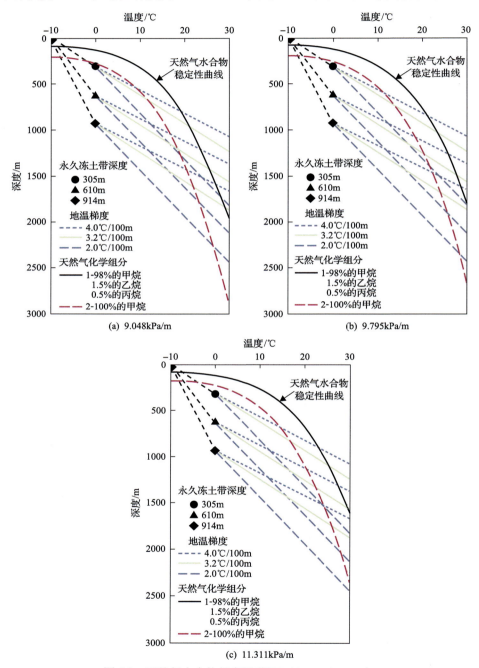

图4.1 天然气水合物相态图(据Holder et al., 1987)

不同的永久冻土带深度、地温梯度、天然气化学组成和孔隙压力的条件下，天然气水合物的分布取决于适宜的深度和温度条件

为 1600m。但是，对于压力梯度为 11.311kPa/m，冻土带深度为 610m，地温梯度为 2.0℃/100m，则 100%甲烷天然气水合物稳定带的厚度为 1850m。天然气水合物稳定性曲线来源于实验室数据(Holder et al., 1987)。含有 98%甲烷、1.5%乙烷和 0.5%丙烷的稳定性曲线相对于纯甲烷的稳定性曲线向右偏移，因此加深了可能的天然气水合物稳定带。例如，图 4.1(b)假定为静水压力梯度，冻土带底面为 610m，地温梯度为 4.0℃/100m，则 100%甲烷天然气水合物稳定带的厚度为 900m，但是 1.5%乙烷和 0.5%丙烷天然气水合物稳定带的厚度则加深到 1100m。众所周知，溶解了盐的水将降低凝固点。例如阿拉斯加北坡，含冰的冻土带底面温度并不是 0℃，而是一个稍低的温度(Collett, 1993)。凝固点的降低，部分可归因于未凝固的孔隙水中含盐。当盐(如 NaCl)加入到天然气水合物含油气系统中，就会形成一个较低的温度。在天然气水合物形成的同时，孔隙水中的盐与天然气接触，每加入 1‰的盐，结晶温度降低 0.06℃(Holder et al., 1987)。因此，类似于海水(32‰)的孔隙水矿化度，将使天然气水合物稳定性曲线向左偏移约 2℃，天然气水合物稳定带的厚度将降低。

4.2 储集层类型

天然气水合物样品显示原地天然气水合物样品的物理性质变化很大(Sloan and Koh, 2008)。天然气水合物存在于粗砂岩的孔隙、弥散于细砂岩的团块、固体充填裂缝和由少数含有固体天然气水合物的沉积物组成的块状单元中。大多数天然气水合物的现场考察都说明天然气水合物的富集取决于裂缝和/或粗粒沉积物的分布，这其中天然气水合物常存在于裂缝充填物质中或弥散于富砂储集体孔隙中(Collett, 1993)。Torres 等(2008)认为，天然气水合物之所以优先聚集在粗粒沉积物中，是因为其较低的毛细管压力可以实现天然气和天然气水合物晶核的运移。但是，天然气水合物在富黏土沉积物中的发育却甚少。最近，Cook 和 Goldberg(2008)认为，一个富黏土的沉积剖面中，当水中天然气的浓度超过了溶解度，天然气水合物就形成于孔隙分隔的断裂面上，那是最大主应力方向，多数是近垂直断裂。

Boswell 和 Collett(2006)、Boswell 等(2007)提出了由 4 种不同的天然气水合物带组成的资源金字塔模型，如图 4.2 所示。在资源金字塔中，最有希望开发和利用的资源位于塔顶，而最难以开发动用的部分位于塔底。从上到下依次为富砂储层、富黏土的裂缝型储层、大量的位于海底的天然气水合物地层和弥散沉积于非渗透性黏土中的低浓度部分。上面的前两部分，由于能提供天然气水合物高浓度聚集所需的储集渗透性，最有可能实现远景勘探和商业利用(Boswell et al., 2007)，富砂储和富黏土的裂缝型储层常共生出现，储集体包括水平状到近水平状、粗粒、渗透性沉积层(主要是砂质的)和垂直到近垂直的裂缝地层(Collett et al., 2008a, 2008b)。

首先是分布在北极的富砂储集体聚集有高浓度天然气水合物资源，位于塔尖。Collett(1995)评价阿拉斯加北坡的富砂储集体含有 16.7 万亿 m^3 的天然气水合物资源，Collett 等(2008a, 2008b)评价显示，可以用于技术开发的天然气水合物资源有 2.42 万亿 m^3。

图 4.2 天然气水合物资源金字塔(据 Boswell and Collett, 2006)

其次是海洋环境中的砂岩储集体，聚集有中—高浓度的天然气水合物资源。由于深海的地质环境特点，整体上砂岩的丰度比较低，另外深水勘探开发的成本也很高。但是，在生产基础设施完善的地区，如墨西哥湾，还是可以发现最有利的海洋天然气水合物聚集的。墨西哥湾砂岩储集体中约有资源量为 190 万亿 m^3 的高浓度天然气水合物资源(Frye，2008)。

再次是分布在细粒泥页岩块状沉积物中的天然气水合物资源，其中分布在断裂系统中的部分是最有希望的。但是，不像砂岩储集那样具有较高的骨架渗透率，泥页岩中的天然气水合物资源的动用将存在很大的问题。

最后是弥散聚集位于金字塔底部细粒的拥有巨大的天然气水合物资源，饱和度更低(约 10%或更低)，分布更广。大多数的原地天然气水合物资源属于这一类型。常规生产技术支持富砂天然气水合物储集体，因此含有天然气水合物的砂岩储层将成为最有利的勘探开发目标。

4.3 储集层控制因素

4.3.1 岩性

沉积物岩性主要指沉积物粒度与组分。利用 CT 和 SEM 手段，对神狐海域贫天然气水合物层段、高饱和度天然气水合物层段以及低饱和物层段(含游离气层段)沉积物的微观结构进行了表征。贫天然气水合物层段主要发育由黏土矿物及其他黏土级颗粒堆积而成的细粒组分格架孔和由有孔虫腔体组成的生物组分孔。高饱和度天然气水合物层段可见大量的粗粒组分格架孔和较多的生物组分孔,细粒组分格架孔在沉积物中均匀分布。低饱和度天然气水合物层段孔隙发育明显很差,粗粒组分格架孔较少,细粒组分格架孔在沉积物中均匀分布,几乎未见有效的生物组分孔。

总的来说,不同层位的微观结构特征与天然气水合物饱和度的分布规律具有很好的一致性,即发育较多粗粒组分格架孔和未被充填生物组分孔的层段具有较好的天然气水合物资源潜力,而细粒组分孔和被充填的生物组分孔则天然气水合物赋存较差或没有。

4.3.2 孔隙或裂隙

裂隙(或断层)在常规油气勘探中有着重要的作用,同样,它们在天然气水合物储集层中也起着十分重要的作用。到目前为止,人们普遍认为储集在细粒沉积物中的天然气水合物的饱和度较低。然而,2006年在印度天然气水合物岩心中发现在130m厚的已严重变形的黏土沉积物中天然气水合物的饱和度高达70%。经过对长度1m的保压岩心的X射线扫描发现,该段岩心虽然沉积物粒度较细,但存在有大量的近于垂直的裂隙。这些裂隙既起着流体运移通道的作用,也起着储集空间的作用,它将天然气水合物稳定带之下的气体运移到稳定带中并储集起来。

4.3.3 气体通量

对于气体通量较高的区域(强渗漏区),天然气水合物储集层与沉积物粒度没有直接的关系,而与气体压力的大小有关。因此,未固结的泥也可作为很好的储集体。

要形成天然气水合物藏还受到天然气水合物稳定带本身特性的制约。除温压条件外,岩性特征和构造条件是控制天然气水合物形成分布的两个主要因素等。通过实验表明,在砂质沉积物中天然气水合物的饱和度可达79%~100%,泥砂中可达到15%~40%,砂质黏土泥中只有2%~6%,这些结果与美国布莱克海台、日本南海海槽、加拿大Mallik天然气水合物样品中观察的结果一致。在实际中,卡斯凯迪亚大陆边缘"天然气水合物海岭"区(Tréhu et al., 2003)、挪威中部大陆边缘Storegga区(Bunz et al., 2003)等天然气水合物明显受岩性控制,主要充填于砂到砾沉积物孔隙中,而泥质沉积物如淤泥和黏土中不含天然气水合物,或天然气水合物含量低。其他地区如情况也类似。此外,在自然界中,天然气水合物产出也明显受构造控制,它不仅受到断层几何特征的影响,而且还受到断层封闭程度的影响,例如,在卡斯凯迪亚大陆边缘天然气水合物海岭区,地震反射资料显示天然气水合物向"天然气水合物海岭"的构造冠部集中(Torres et al., 2004);在日本南海海槽(Taira and Pickering, 1991),天然气水合物均产于背斜的下部或冠部或断裂状翼部。可以看出,构造和岩性是天然气水合物产出的两个最主要影响因素,它们和天然气水合物形成的基本温压条件和储集层类型共同构成了天然气水合物成藏的矿藏储集系统。

第5章 国外天然气水合物典型区域成藏系统分析

自1968年苏联在西西伯利亚梅索亚哈气田首次发现自然界中的天然气水合物以来，目前已有至少230个地区发现天然气水合物样品或标志（Makogon, 2010）。其中，位于陆地上的天然气水合物分布区全部位于高纬度或高海拔地区的冻土带；位于深湖或海水环境中的天然气水合物区分布位置包括大陆边缘的隆起、岛屿的斜坡地带、极地大陆架、大陆深湖和残留洋等。大陆边缘是现今世界上最主要的天然气水合物分布区。天然气水合物主要分布在主动大陆边缘和被动大陆边缘的增生楔、泥底辟、断裂-褶皱和滑塌体等特殊地质体或构造中（蔡峰等，2011）。本章分别选取主动大陆边缘和被动大陆边缘研究较深入的区块，按照天然气水合物成藏系统中的气源供给、流体输导及矿藏储集综合分析世界典型天然气水合物分布区成藏系统特征。

5.1 安第斯型主动大陆边缘典型区块天然气水合物成藏系统特征

安第斯型主动大陆边缘毗邻东太平洋海沟俯冲带，发育巨大而扁平的增生楔构造带。从最南端南设得兰海沟（South Shetland Trench）经智利西海岸外的智利三联点（Chile Triple Junction）附近、秘鲁海沟（Peru Trench）、中美洲海槽（Central America Through）、北至加利福尼亚—俄勒冈滨外以及温哥华岛外的卡斯凯迪亚陆缘（Cascadia Margin），在海沟内侧的增生楔上均有BSR等天然气水合物地球物理标志。许多增生楔沉积物中的天然气水合物已得到大洋钻探的证实。

5.1.1 卡斯凯迪亚陆缘

1. 地质背景

卡斯凯迪亚大陆边缘位于加利福尼亚、俄勒冈及温哥华岛的西侧。在这里，胡安·德富卡（Juan de Fuca）板块以约45mm/a的速率俯冲至北美板块之下，将板块上大约3000m厚的浊积岩和半远洋沉积物刮落下来堆积于海沟的陆侧斜坡，形成一系列近平行展布的增生楔（图5.1）。卡斯凯迪亚盆地位于增生楔的斜坡部位，下部为前更新统的半深海粉砂质黏土沉积物，上部为更新统和全新统的黏土质粉砂夹细沙沉积物。

2. 调查概况

1989年在ODP146航次的井位调查工作中采集的多道地震（MCS）资料中首次发现了BSR标志；1992年，ODP146航次在89-08测线上布设889井，并基于海底128～228m层段的岩心、测井和地化数据证实存在天然气水合物；1996～1999年，德国和美国科学家利用抓斗取样在俄勒冈滨外的海底沉积物中获取天然气水合物样品；2002年，ODP204

第 5 章 国外天然气水合物典型区域成藏系统分析

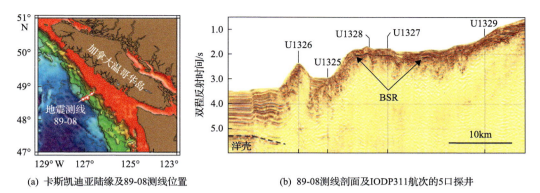

(a) 卡斯凯迪亚陆缘及89-08测线位置　　　(b) 89-08测线剖面及IODP311航次的5口探井

图 5.1　卡斯凯迪亚大陆边缘及横穿陆缘的 89-08 剖面

航次在天然气水合物脊处部署 9 个钻位，均获取天然气水合物。2005 年，IODP311 航次在 ODP146 和 ODP204 航次基础上在 89-08 测线上又部署了 5 口探井(图 5.1)，利用保压取心、氯富集度测量结合地球物理资料评价天然气水合物富集程度。

3. 气源供给

卡斯凯迪亚大陆边缘天然气水合物中的天然气以微生物成因为主，包含少量热成因气组分(Milkov et al., 2005)。然而，仍有部分地区发现了以热成因气为主的天然气水合物。通过分析 ODP146 航次 889 钻点的烃组分和二氧化碳碳同位素认为，天然气水合物稳定带以下存在大量热成因气；Milkov 等(2005)认为卡斯凯迪亚边缘天然气水合物中至少有 20%的天然气是沿近垂直的层位从深部运移上来的；Lu 等(2007)揭示 Berkley 海底浅表的天然气水合物 $\delta^{13}C$ 高达–46‰，而 $\delta^{13}C_1/\delta^{13}\Sigma C_{2+}$ 只有 3.6，为典型热成因气源。

Pohlman 等(2009)通过 IODP311 航次采集的天然气水合物甲烷 C、H 同位素判别指出，卡斯凯迪亚大陆边缘天然气水合物稳定带内以二氧化碳还原形成的微生物成因为主(图 5.2)，热成因气为辅，甲基没有贡献。BSR 以下随深度增加热成因气含量增加；远离

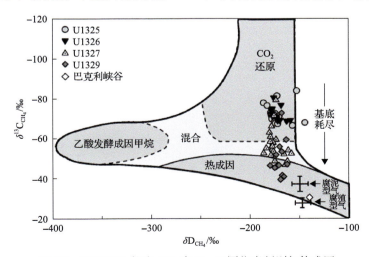

图 5.2　IODP311 航次 CH_4 中 C、H 同位素判别气体成因

变形前缘微生物成因气含量减少，天然气水合物主要由热成因气贡献。

4. 流体输导

卡斯凯迪亚大陆边缘天然气水合物分为两种运聚系统：一种是聚集型天然气水合物系统，另一种是分散型天然气水合物系统(Malinverno et al., 2008)。

对于原地生成的天然气水合物来说，卡斯凯迪亚大陆边缘天然气水合物中的天然气主要由二氧化碳还原产生，并在原地被海水捕获，属于分散型天然气水合物系统。若以硫酸盐还原带底深为有机质生烃的起始点，则随深度增加储层内部的甲烷浓度逐渐增加。较深储层中的甲烷会通过自身扩散或溶解在压实水流中向上运移。当上升到甲烷过饱和的温度区间，就会脱溶形成天然气水合物。Malinverno 等(2008)认为，储层沉积速率控制了压实水流的上升速率，从而增加了浅部过饱和温度区间内的天然气水合物富集程度。

卡斯凯迪亚大陆边缘增生楔处构造活动强烈，断裂、滑塌、底辟发育。这为深部含气流体运移提供了稳定的通道。这些通道包括稳定带附近的水力破裂、增生楔伴生的断裂、火山灰和浊积体的互层(反射层 A)。ODP204 航次和 ODP311 航次均显示，海底浅表层天然气水合物中存在有高饱和度的天然气水合物，饱和度可达 15%～40%，且分布受到运移通道的控制，其上部海底常见流体喷口(图 5.3)。

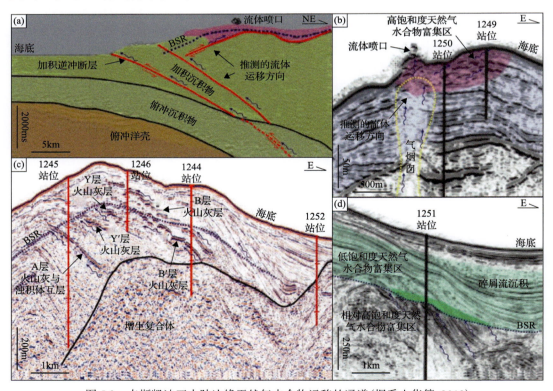

图 5.3 卡斯凯迪亚大陆边缘天然气水合物运移的通道(据乔少华等, 2013)

5. 矿藏储集

1)天然气水合物稳定带

ODP204 航次的钻井资料显示，天然气水合物脊处海底温度为 4～5℃。脊部中心地温梯度约为 51℃/km；脊部北侧和东侧地温梯度为 55～60℃/km。ODP311 航次显示，受地形影响，天然气水合物稳定带厚度向陆一侧减薄。

2)储集层

卡斯凯迪亚大陆边缘的天然气水合物分布受到沉积物岩性的控制。ODP204 航次钻孔显示，9 个站位的天然气水合物均为细粒火山灰浊流沉积物，而天然气水合物主要分布在这些细粒沉积物中较粗的层段中(Tréhu et al., 2003；苏新等, 2005a, 2005b)。

对于原地生成的天然气水合物来说，卡斯凯迪亚大陆边缘天然气水合物的富集程度主要受控于储层内部有机物的生烃能力(Pohlman et al., 2009)。储层内部的有机质含量是一项重要控制因素。IODP311 四个钻点的储层平均天然气水合物饱和度均与储层内部的 TOC 含量呈正相关关系(Malinverno et al., 2008)。

此外，储层的氧化还原环境也是有机质保存的重要条件，沉积速率大是有机质活性组分保存下来的前提。Canfield 等(1994)认为，若储层沉积速率低于 10m/Ma，用于厌氧代谢的活性组分会在氧化带中暴露时间过长从而降解；若沉积速率介于 10～50m/Ma，部分储层就能够参与硫酸盐还原反应；若沉积速率超过 50m/Ma，沉积有机质就能够生成甲烷；若沉积速率超过 300m/Ma，绝大多数的活性组分就会保存下来参与有机物的厌氧代谢。在 IODP311 由变形前缘向陆方向的四个站位，沉积物的 TOC 含量逐渐增加，天然气水合物的实际赋存厚度却逐渐减少，正是由于沉积速率的不均匀分布导致(图 5.4)。

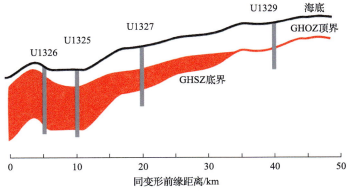

图 5.4 IODP311 四个站位天然气水合物实际分布范围
GHSZ 表示天然气水合物稳定带；GHOZ 表示天然气水合物稳定带

5.1.2 智利大陆边缘

1. 地质背景

智利大陆边缘位于智利科伊艾克省(Coyhaique)的西部。在这里，纳斯卡板块以每年

66mm 的速度俯冲至南美板块之下，在海沟东侧形成 8～10km 的小型增生楔。上斜坡出现一向斜至浅地层轻微褶皱，构成一个加积型弧前盆地。上新世晚期，纳斯卡板块上的大部分沉积物都被刮落，增生楔由加积转为剥蚀、下沉。上覆板块上开始发育塌积、断裂等构造。

2. 调查概况

1988 年 ODP141 航次三联点（Triple Junction）北部 Darwin 断裂带（DFZ）和 Taitao 断裂带（TFZ）之间开展了地震调查，部署了 745、751 和 762 三条测线（图 5.5）。在 745 测线部署的位置，海底扩张中心位于斜坡脚以西 5km 处（图 5.6）；在 751 测线部署的位置，海底扩张中心已俯冲至大陆斜坡以下（图 5.7）；762 测线位于俯冲带的最南端，在这里，

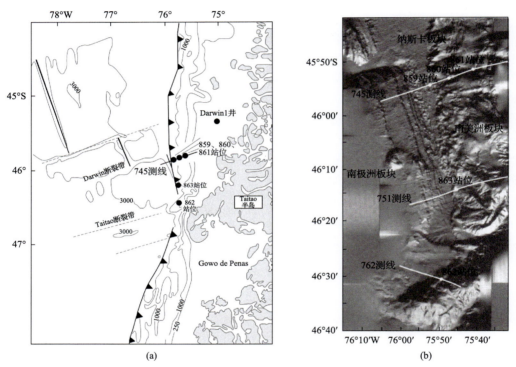

图 5.5 智利大陆边缘构造纲要图(a)（单位：m）及 ODP141 航次三条测线及位置(b)

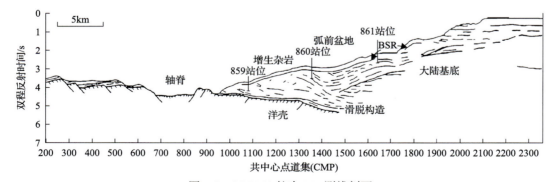

图 5.6 ODP141 航次 745 测线剖面

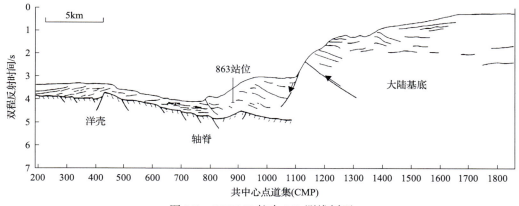

图 5.7　ODP141 航次 751 测线剖面

Taitao 半岛向洋壳仰冲，形成了宽约 10km 的蛇纹石脊。该区的 BSR 反射在 745 测线上首次被发现（图 5.6），在随后沿 BSR 钻取的 3 口钻井（859、860、861）中，只有 859 井获得了 BSR 相应的测井响应。

2002 年，ODP202 航次在智利西岸 36°S～41°S 的 Barazangi 和 Isacks 段钻取了 1233、1234、1235 三个钻孔，进一步研究了智利大陆边缘热流场与俯冲板块之间的关系。同年，智利海军 Vidal Gormaz 号远洋测量船又在 Valparaiso 和 Valdivia 地区（33°S～40°S）的地震勘探中发现了 BSR 反射。2004 年，Vidal Gormaz 号在 Talcahuano（36.2°S）南部最浅的斜坡上发现了天然气水合物样品（Coffin，2007）。

3. 气源供给

ODP141 航次对三条测线上的 5 口井测定的甲烷组分和碳同位素资料（Waseda and Didyk，1995）显示：智利大陆边缘的 R 值介于 47～52100；$\delta^{13}C_{CH_4}$ 介于 −85.1‰～61.7‰，δD_{CH_4} 介于 −249‰～−181‰，指示二氧化碳还原成因的微生物成因气源。然而，由于储层内部 TOC 不足 0.5%，分散的原地生成的天然气不足以形成大规模的天然气聚集。对该区测井资料的解释表明，该区绝大多数储层内天然气水合物饱和度不超过 3%，仅在 BSR 以上的 50～100m 内天然气水合物富集程度较好，但饱和度仍然不超过 15%（Bangs et al.，1993）。

4. 流体输导

智利西海岸的天然气水合物在区域上具有不均匀分布特征，表现为天然气水合物饱和度不均一和 BSR 分布不连续等（Bangs et al.，1993；Brown et al.，1996；Morales，2003；Coffin et al.，2007；Vargas Cordero et al.，2010）。这种区域上的不均匀性常被认为是与天然气运移通道分布和区域地温场异常有关。

Rodrigo 等（2009）通过识别智利西海岸 SO161 航次部署的八条地震测线（37°S～40°S）上的 BSR 反射，认为该区的天然气水合物分布主要受三个因素控制：第一是河流的分布，陆地上的河流会向大陆斜坡区输送更多有机质，使得该区的储层有机碳含量更多，从而产生更多天然气水合物，表现为地震剖面的 BSR 分布范围加大[图 5.8(a)]；第二是构造活动，增生楔上的构造块体下沉会导致原有的天然气水合物底界脱离天然气水合物稳定带，导致天然气水合物的重新分布，地震剖面上表现为弱 BSR 反射或双 BSR 反射[图 5.8(b)]；第三是断裂发育，变型前缘发育的断裂基底的大型逆冲断层附近往往能识别出强 BSR 反射，指示深部天然气的贡献，而位于海底附近的小型断裂附近 BSR 较弱甚至不发育，指示小型断裂对天然气水合物层的破坏作用。

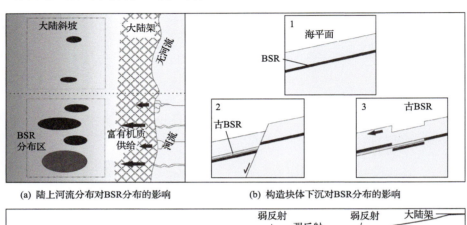

(a) 陆上河流分布对BSR分布的影响 　　(b) 构造块体下沉对BSR分布的影响

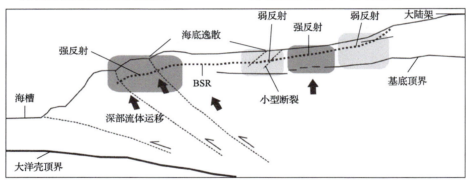

(c) 断裂对BSR分布的影响

图 5.8　智利大陆边缘天然气水合物分布控制模式

5. 矿藏储集

智利大陆边缘是少有的大洋中脊俯冲到大陆板块以下的主动大陆边缘。这种特殊的俯冲样式导致区域地温较高且地温场分布不稳定，而这种地温场的演化直接影响了智利大陆边缘的天然气水合物运移和保存。智利大陆边缘的保存条件研究主要集中在该区地温场演化及其对天然气水合物稳定带的影响上。

受到俯冲到南美板块以下的大洋中脊影响，智利大陆边缘大地热流场变化较大。在智利大陆边缘南端，大洋中脊俯冲到大陆板块以下，从最东端的大陆上斜坡到最西端的变形前锋，大地热流从 80mW/m² 增长至 180mW/m²；而在北端，大洋中脊仍然在大陆板块外部，增生楔内的大地热流在 45～70mW/m²。该区的地温梯度分布同样具有不均匀分布特征。在横向上，由于大地热流的差异，北部的增生楔内地温分布稳定，而南部增生楔内地温变化较大；在纵向上，由于较热的新生楔体俯冲到较冷的上部地层上，以及俯冲的大洋板块产生热对流，南部增生楔内的地温梯度分布呈周期性变化，天然气水合物稳定带和BSR位置也不断抬升（图5.9），Brown等（1996）对859井的天然气水合物稳定带底界和BSR迁移进行了估算，认为该区BSR在近几百至几千年内向上迁移了150～300m（图5.9）。此外，构造块体的沉降和地下热液对流也会对区域地温场产生显著影响，从而破坏天然气水合物稳定带。

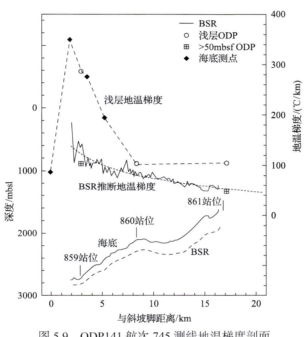

图 5.9　ODP141 航次 745 测线地温梯度剖面

mbsl 为海平面以下深度，m

5.2　岛弧型主动大陆边缘典型区块天然气水合物成藏系统特征

西太平洋岛弧型主动大陆边缘由沟-弧-盆体系组成，洋壳下插至陆壳之下，大洋板块沉积物被刮落下来，堆积在海沟的陆侧斜坡上形成增生楔。增生楔上沉积物厚度大，断层和褶皱发育，有利于流体的运移和聚集。

岛弧型主动大陆边缘主要包括七个地貌单元的地质构造：外缘隆起、海沟、增生楔、弧前盆地、火山弧、弧间盆地和弧后盆地。天然气水合物主要分布在增生楔构造、弧前盆地和弧后盆地中。从最北部的鄂霍次克海到韩国郁陵盆地、日本南海海槽、东海冲绳海槽、马里亚纳海沟南至苏拉威西海北部均有天然气水合物分布。本节主要介绍南海海槽成藏系统要素特征。

1. 地质背景

南海海槽是菲律宾板块的西北界限，沿此界限菲律宾板块以 20～40mm/a 的速度向欧亚板块下俯冲，形成日本岛弧。俯冲过程中，增生楔不断扩大或俯冲带后退，弧间岩石圈挠曲而下沉，形成巨大的弧前盆地，包括熊野盆地、远溯海槽等。盆地基底由早期的增生楔形体组成，堆积时期从中中新世到现今。该区的俯冲带位置不断发生变化，中中新世到上新世的主要俯冲带沿东海断层分布。

2. 调查概况

对南海海槽的天然气水合物研究始于 20 世纪 80 年代。最早的天然气水合物的发现是在多道地震剖面上识别的 BSR。DSDP31 和 DSDP 87 航次及 ODP131 航次就调查和研究了南海海槽的地质结构和演化。

1995 年，日本经济产业省（MITI，现为 METI）出台了日本第一个国家级天然气水合物研究项目，并于 1997 年在日本东海（Tokai）海域钻取了 BH-1 和 BH-2 井（Waseda and Uchida，2004）。1999 年，日本石油公团（JNOC）和日本石油勘探公司（JAPEX）在 BH-2 井东南钻取了一系列探井（NT 井）并在更新统的挂川组获得了富含天然气水合物的砂岩岩心。2000 年的 ODP190 航次和 2001 年的 ODP196 航次在四国岛海岸外的室户（Muroto）和足摺岬（Ashizuri）两个过南海海槽剖面分别钻取了 1173～1178 钻点，并对 ODP131 次的 808 站位重新进行了钻探（图 5.10）。这两个航次虽然没有取得天然气水合物样品，但测井和地层水化学间接证实 1176 站位和 1178 站位天然气水合物的存在。2004 年，METI 开展了从东海海面到熊野盆地的 Takai-oki—Kumano-nada 探井钻探工程。对 16 个井场进行了随钻测井，利用绳缆取心系统在井场 1 和井场 2 的泥质层中钻取了天然气水合物，利用保压取心系统在井场 4 和井场 13 在砂层中钻取了天然气水合物。

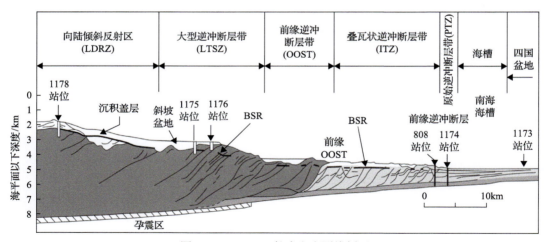

图 5.10 ODP190 航次室户测线剖面

3. 气源供给

南海海槽的天然气水合物中的天然气主要为微生物成因气源。Waseda 和 Uchida (2004) 年对 MITI 探区的 BH-1、BH-2 和 NT 测试井的主井的天然气成分和碳氢同位素进行了测定(图 5.11)。结果显示,以 1500mbsf 为界,南海海槽的天然气成因截然不同。1500mbsf 以上的天然气 $\delta^{13}C$ 均大于−59‰,且无乙烷以上的正构烷烃,$\delta D=-193‰\sim-189‰$,指示原地二氧化碳还原形成的生物成因气;1500mbsf 以下的天然气 $\delta^{13}C$ 介于−48‰~−35‰,$\delta^{13}C_{CH_4}/\delta^{13}C_{C_{2+3}}$ 不超过 50,指示天然气为热成因。从剖面上看,1155~1455mbsf 的天然气 $\delta^{13}C$ 介于−63.1‰~−59.0‰,略微高于上部,指示底部热成因气混入。该区的天然气水合物稳定域底界约为 270mbsf,因此天然气水合物层内未观察到有热成因气混入。

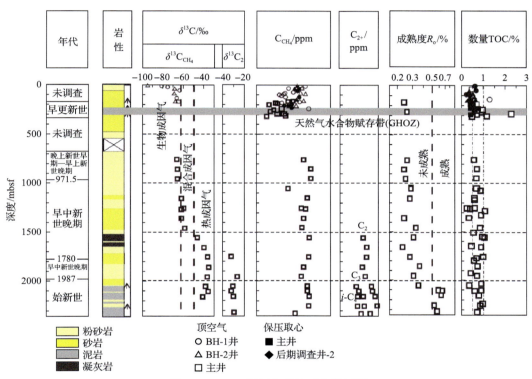

图 5.11 MITI 探区各井地球化学剖面

1ppm=$10^{-6}\mu g/g$

然而,该区储层内部的 TOC 含量和成熟度都非常低(Waseda and Uchida,2004),Yoshioka 等(2009)认为单凭储层内部的有机质原地二氧化碳还原不足以生成如此高饱和度的天然气水合物聚集,因此推测该区的天然气水合物聚集可能与深部流体流动与醋酸发酵有关。

4. 流体输导

由南海海槽深部沉积物中发育大量优质烃源岩。这些烃源岩生成的天然气在缺乏有效通道的情况下难以运移到天然气水合物稳定带中,因此有效的天然气运移通道是南海海槽天然气水合物分布的重要控制因素。研究表明,南海海槽的天然气主要通过三种途径运移到天然气水合物稳定带内:第一种是沉积物破碎带或颗粒间的孔隙喉道(Fujii et al.,

2009);第二种是增生楔中发育的逆冲断层(Baba and Yamada,2004);第三种是泥底辟及其伴生的断层或周缘的倾斜地层(图5.12)。

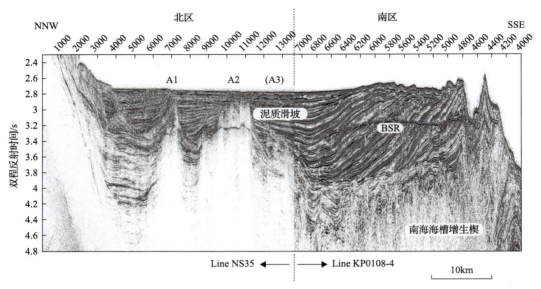

图 5.12　南海海槽发育的泥底辟构造及其伴生的 BSR(据 Sumito,2004)

5. 矿藏储集

1)温压条件

南海海槽东北部热流值为 40~80mW/m^2,西南部热流值为 120~180mW/m^2。四国盆地北部地温梯度约56℃/km,水深 3000m 处天然气水合物稳定带厚度约300m;东海盆地钻井资料表明,水深 950~1000m 的海域,天然气水合物稳定带厚度 250~300m(Takahashi et al.,2001)。

2)储集条件

南海海槽天然气水合物储集条件极为优越。从取得实物样品的井来分析,南海海槽天然气水合物储层多为浊流沉积物,天然气水合物赋存在粒度较粗的砂层中,常与粒度较细的粉砂或黏土互层,顶部往往发育 100m 以上的泥质盖层(图 5.13)。在日本经济产业省 1999 年钻取的 NT 井中,天然气水合物赋存在 200~270mbsf 的粉砂岩—砂岩地层中,上部泥岩盖层厚 100m 以上,地层孔隙度为 45%~55%,天然气水合物饱和度高达 60%~80%;黏土沉积物中的天然气水合物饱和度为 3%~4%(Matsumoto et al.,2004)。在日本经济产业省 2004 年的井场 4 中,天然气水合物富集在 282~332mbsf 的细沙层中,上覆黏土层厚达 100m,储层平均孔隙度为 41%,天然气水合物饱和度为 55%左右;在井场 13 中,93~197mbsf 范围内全部发育砂层,且粒径大于井场 4 的砂层;上覆黏土层厚约 40m,储层平均孔隙度 39%,含天然气水合物饱和度为 57%~68%。有学者认为,在原地甲烷产率极低的南海海槽沉积物中,极高的天然气水合物富集程度很可能与粗粒储层中的毛细管作用有关(Uchida et al.,2004,2009)。Lu 和 Mcmechan(2004)通过实验也证实了砂质沉积物中的天然气水合物饱和度可达 70%～100%。

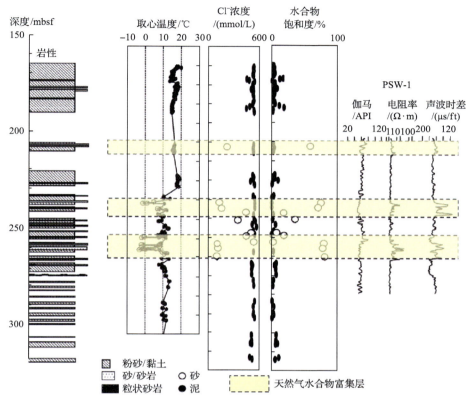

图 5.13　南海海槽 PSW-1 井单井综合柱状图（据 Uchida et al., 2009, 修改）

新近纪以来南海海槽东部较高的沉积速率也有利于生物甲烷的生成。对 BH-1 井的沉积速率计算显示，在 90～250mbsf 的范围内，地层沉积速率高达 533m/Ma，极高的沉积速率保护了天然气水合物稳定带内有机物的活性组分。

综上可以看出，虽然南海海槽天然气水合物储层内的有机质生烃能力不强，但极高的沉积速率确保了泥岩中生物成因甲烷的生成。泥岩中广泛分布的粗粒砂岩储层为天然气水合物局部富集提供了条件。因此优质的储层是南海海槽天然气水合物重要的成藏条件。

5.3　被动大陆边缘典型区块天然气水合物成藏系统特征

被动大陆边缘指在构造上长期处于相对稳定状态的大陆边缘，多数沿大西洋和印度洋边缘分布，具有宽阔的大陆架、较缓的陆坡和平坦的陆裙等地貌单元（吴时国和喻普之，2006）。被动大陆边缘分为两个发育阶段：张裂阶段和裂后阶段。在张裂阶段和裂后的热沉降阶段，沿外陆架—陆坡区（变薄的大陆陆壳）或陆坡—陆隆区（下沉的洋壳）边缘处会发育一系列平行于海岸线的离散大陆边缘盆地。

被动大陆边缘沉积物的塑性流动、泥火山活动等常常在海底浅表层形成断裂-褶曲、底辟和海底滑坡等多种构造、沉积环境，为天然气水合物形成和赋存提供了理想场所，典型区块包括墨西哥湾路易斯安那陆坡、布莱克海台、加勒比海南部陆坡、亚马孙海底扇、阿根廷盆地、印度西部陆坡、尼日利亚滨外三角洲前缘等。

5.3.1 墨西哥湾盆地

1. 地质背景

墨西哥湾盆地是一个晚三叠世形成的大陆裂谷盆地，是由北美洲板块从非洲—南美洲板块分离、漂移形成。中侏罗世，墨西哥湾为半封闭海，沉积了一套厚度超过 1000m 的芦安盐层。晚侏罗世开始，从西部向大陆区开始了间歇式海进，盆地开始发育浅水碳酸盐沉积。晚侏罗世以来密西西比河开始向盆地输送大量陆源碎屑物质。白垩纪墨西哥湾以泥灰岩沉积为主，晚白垩世的拉腊米造山运动使盆地再次接受陆源碎屑沉积。

陆源碎屑物质和巨厚的新近系沉积物覆盖在侏罗系的盐层上，致使墨西哥湾盆地发育大量盐构造。到晚白垩纪末之前，盆地沉降速率较快，以发育盐底辟为主；始新世以来，陆架上的沉积物不断变厚，并不断向海迁移，盐刺穿数量增加，形成现今由北向南盐丘个体增大，顶面积增大，刺穿数量减少的局面（图 5.14、图 5.15）。广泛的盐体发育及其伴生的底辟、滑塌、断裂和不整合控制了墨西哥湾盆地的油气资源和天然气水合物的分布。

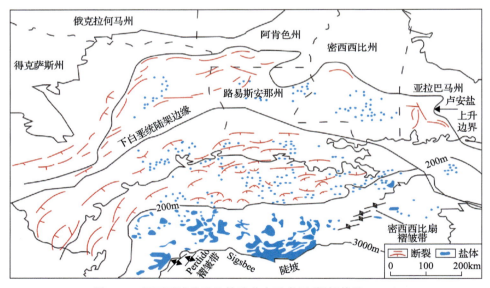

图 5.14　墨西哥湾盆地盐构造分布示意图（据杨传胜，2009）

2. 调查概况

1970 年 DSDP10 航次从 Sigsbee 平原和 Campeche 湾的深水沉积物中获取天然气水

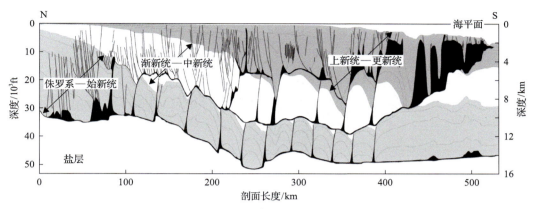

图 5.15 过墨西哥湾盆地南北向剖面（据 Prather，2000）

1ft=0.3048m

合物。1979 年，DSDP66 航次在墨西哥湾实施深海钻探，首次从海底获得含天然气水合物岩心。1983 年的 DSDP96 航次，大量的天然气水合物样品从 Orca 盆地海底（618 站位和 618A 站位）20～40m 处被采集上来。到 20 世纪末，墨西哥湾盆地发现的天然气水合物均为盆地油气勘探的附属产物。2000～2005 年对墨西哥湾天然气水合物的研究主要围绕墨西哥湾北部的 Bush Hill 开展，主要目的是分析天然气水合物分解对海底环境的影响。2005 年，美国能源部（DOA）联合雪佛龙（Chevron）石油公司在墨西哥湾盆地联合实施了两个阶段的"联合工业"计划（Joint Industry Project，JIP）。第一阶段的站位包括 Keathley 峡谷的 KC151 站位及 Atwater 山谷地区的 AT13 站位和 AT14 站位；第二阶段共布置钻井 14 口，截至 2013 年，已钻取 WR313、GC955、AC21 等站位，并取得了大量天然气水合物岩心。

3. 气源供给

一系列证据表明，深部热成因气体对墨西哥湾天然气水合物形成具有重要贡献。从烃类成分上看，墨西哥湾盆地浅表层天然气水合物中重烃组分大量存在，指示天然气的深部成因。Brooks 等（1984，1986，1994）测定了墨西哥湾三个不同地区采集的海底浅表天然气水合物样品的烃类组分，发现 R 值为 1.9～37.4。Sassen 和 Moore（1988）、Sassen 等（1994）对 GC185、GC234、MC853、AT425 等井区浅表沉积物中的天然气水合物烃类组分和 $\delta^{13}C$ 后发现，各个井区的浅表天然气水合物均有重烃组分，且 $\delta^{13}C$ 显示这些重烃组分均与有机成因无关。2005 年 JIP Leg1 在 AT13/14 和 KC151 两个站位采出的天然气水合物样品中，虽然微生物成因的甲烷占了绝大多数，但几乎每一次保压取样中均检出了 C_2～C_5，且 R 值随深度加大而增加（图 5.16），说明墨西哥湾盆地的重烃气主要由深部烃源岩生成，遇到合适的通道和运移条件以后向浅部运移成藏。

墨西哥湾盆地是传统的产油盆地，烃源岩从侏罗系到古近系均有发育。侏罗系烃源岩包括提塘阶的 Cotton Valley 群黑色钙质页岩和牛津阶的 Smackover 组泥灰岩；白垩系烃源岩以土伦阶的 Eagle Ford 组暗色页岩和塞诺曼阶的 Tuscaloosa 群沥青质页岩；古近

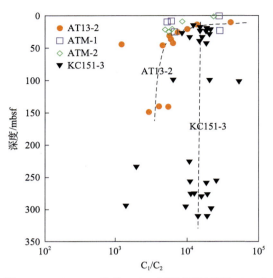

图 5.16 JIP Leg1 各井 C_1/C_2 剖面（据杨传胜，2010）

系包括古新统—始新统 Wilcox 群、Sparta 组和 Jackson 群页岩，渐新统 Vicksburg 组和 Frio 组页岩。其中以上侏罗统和古新统—始新统两套烃源岩为主力烃源岩。多层位大面积广泛分布的烃源岩为天然气水合物形成提供了充足的气源。只要运移条件足够充分，墨西哥湾盆地完全可以发育大规模的热成因天然气水合物藏。

4. 流体输导

墨西哥湾以广泛发育的盐构造著称。南部的盐构造以十分宽广，近似连续的盐体或盐舌为主；北部的东得克萨斯、北路易斯安那和密西西比三个盐盆地则发育规模较小的刺穿盐丘和深盐丘，向盆地中心深拗陷内盐丘规模减小。盐丘上拱并刺穿地层，并将大量深部气体携带至浅部地层，与之伴生大量断裂、滑塌和拱起上倾的地层也为天然气提供了向海底浅表运移的通道（图 5.17）。墨西哥湾北部大量发育的微渗漏现象就是天然气运移的直接证据。如 Bush Hill 区的 GC184/185 站位、GC204/205 站位和 GC234/235 站位，Garden Banks 区的 GB387/388 站位，密西西比州 Canyon 区的 MC798/842 站位，以及 Atwater Valley 区的 AT425/426 站位等，常表现为孔隙化学异常、冷泉碳酸盐发育和化能生物群落发育等。

5. 矿藏储集

墨西哥湾盆地的盐底辟对海底浅表的地形具有重要影响。盐底辟以上的地层受到盐底辟地层的上拱使得海底浅表发生隆起，形成"海底丘"。与"海底丘"相对应的低洼地区就形成了小型盆地，成为"麻坑"。这些海底浅表的地形差异影响了墨西哥湾盆地天然气水合物的温压条件和储集条件。

1）温压条件

墨西哥湾地温梯度具有西高东低的特征。西部地温梯度可达 25～40℃/km，东部只

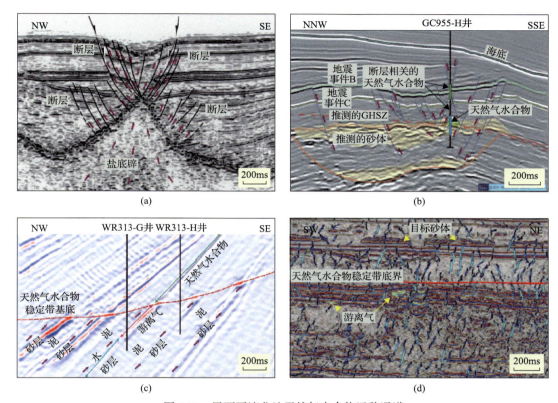

图 5.17 墨西哥湾盆地天然气水合物运移通道

有 10~25℃/km。区域上较低的地温梯度使得天然气水合物稳定带受到海底温度的严重影响：水深越深，海底温度越低，天然气水合物稳定带越厚。Green Canyon 地区稳定带底深为 615m，稳定带最厚为 300m；密西西比州 Canyon 地区稳定带底深 1060m，稳定带厚达 1060m；Atwater Valley 地区稳定带最高可达 1150m。对于底辟体来说，"麻坑"底部的海底温度低于"海底丘"上的海底温度；此外，盐构造本身带来的盐度和流体热量的增加也会降低海底丘上的稳定带厚度。因此，较厚的天然气水合物稳定带往往发育在海底丘两翼的地层中。

2) 储集条件

墨西哥湾盆地的天然气水合物储层以黏土和粉砂为主。陆上碎屑沉积物受地形控制滞留在古"麻坑"底部，形成富砂质的浊流沉积(图 5.18)。这些砂体展布主要受两种因素的影响：一是陆地河流提供的物源通道，二是底辟形成的微型盆地的分布(图 5.19)。JIP 第一阶段的两个站位中，KC151 站位位于 Keathley Canyon 盐构造区与微型盆地的结合部，测井显示，KC151-2 井的平均天然气水合物饱和度约为 10%，部分层位高达 40%(Lee and Collett, 2008)；AT13、AT14 站位位于密西西比州 Canyon 几个显著的海底丘的表面，测井表明该井位并没有大量天然气水合物分布的证据。JIP 第二阶段 WR313 站位位于 Torrebonne 小型盆地中，盆地轴部发育良好的浊积水道，天然气水合物发育在粗粒的天然堤沉积体中；GC955 站位位于 Green Canyon 港湾的口部，为浊积水道和天然堤沉积，天然气水合物赋存带厚度变化主要受断层远近和有利储层的控制。

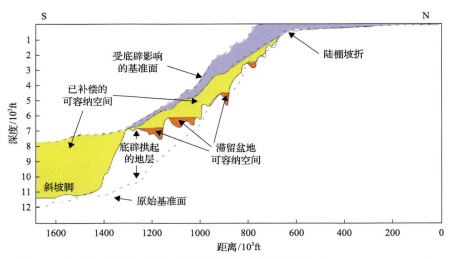

图 5.18 墨西哥湾盆地"麻坑"阻塞的沉积层序示意图（据 Boswell et al., 2012）

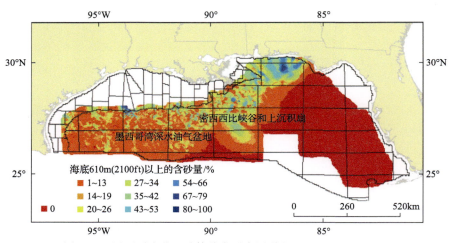

图 5.19 墨西哥湾盆地砂体分布示意图（据 Boswell et al., 2012）

5.3.2 布莱克海台

1. 地质背景

布莱克海台位于美国卡罗来纳州南部查尔斯顿以东约 400km 的大西洋大陆性洋脊（图 5.20），是一个由等深流沉积物堆积形成的大陆隆，其东南延伸方向与北美大陆边缘呈正交。这个地区为被动大陆边缘的一部分，是陆壳与洋壳的过渡部分，没有明显的板块边界，主要沉积了晚中生代和新生代地层。布莱克海台区的天然气水合物发育在距海岸 150～450km，水深大于 2000m 的中新生代地层中。

第5章 国外天然气水合物典型区域成藏系统分析

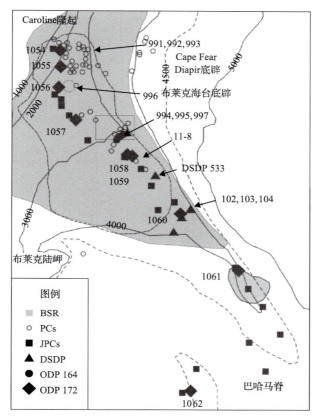

图 5.20 布莱克海台位置、BSR 分布及站位分布图（单位：m）

2. 研究概况

布莱克海台是研究最早的海洋天然气水合物分布区之一。1971年，美国科学家在布莱克海台的地震声呐记录中首次发现似海底反射层（BSR），并认为它与沉积物中的天然气水合物有关（Stoll et al., 1971）。这一推测在随后的 DSDP76 航次中被确认，该航次在 533 站位 238m 深的海底开采出一个天然气水合物样品。1995 年的 ODP164 航次在布莱克海台的 BSR 发育良好的地区和不发育的地区共钻取了 7 个站位（图 5.21），用来研究 BSR 与天然气水合物分布的关系，并在其中的 994 站位、996 站位和 997 站位取得了含天然气水合物的岩心。虽然同 994 站位和 997 站位在同一剖面上的 995 站位未能获得含天然气水合物岩心，但氯化物浓度和测井数据亦证实有弥散天然气水合物存在。

3. 气源供给

布莱克海台天然气水合物气源主要为二氧化碳还原形成的生物成因气，热成因的天然气不超过5%。Borowski 等（1997）和 Borowski（2004）统计 ODP164 航次测定的 $\delta^{13}C_{CH_4}/\delta^{13}C_2$ 和甲烷碳氢同位素发现，所有样品中甲烷含量占烃类气体总量的 99% 以上，$\delta^{13}C_{CH_4}$ 范围为 $-69.7‰\sim-65.9‰$，δD 为 $-250‰\sim 105‰$（图 5.21）。在 DSDP76 航次的 533 站位，

甲烷碳同位素由近顶部的-94‰升高至深部的-66‰，与二氧化碳 $\delta^{13}C$ 呈同步变化趋势，指示天然气为二氧化碳还原成因。Paull 等(2000)通过模拟计算表明，533 站位的碳同位素变化模式符合稳定的二氧化碳还原和持续的气体向上运移模型。Egeberg 和 Dickens(1999)发现 ODP194 航次 997 站位孔隙水 Br^- 含量超过 3mmol/L，有机质分解是 Br^- 含量升高的唯一途径，而原地分解的有机质不可能产生这么高的含量，据此推测 997 站位天然气水合物中的天然气是由埋藏较深的有机质经生物降解后持续运移上来的。

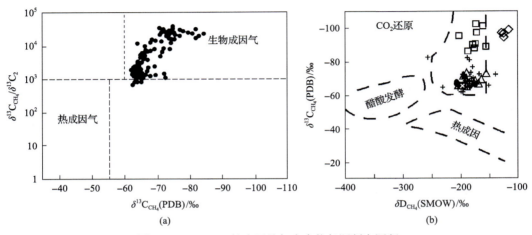

图 5.21　ODP164 航次天然气水合物气源判定图版
(a)据 Shipboard Scientific Party(1996)；(b)据 Borowski(2004)

4. 流体输导

布莱克海台区域含气流体运移通道主要有三种类型：第一种是与底辟伴生、发源于 BSR 之下并通至海底的断层(米级)；第二种是沉积物之中的微小孔隙喉道(厘米级)；第三种是刺穿 BSR 的高角度断层(图 5.22)。在天然气水合物稳定带底界界面之下，甲烷的溶解量随深度增加而降低，当甲烷浓度达到饱和后，随着埋深增大，已溶解的甲烷可以从孔隙水中释放出来形成气态甲烷。ODP 的 164 站位在低于 BGHS 界面以下发现大量的甲烷气体(Dickens et al., 1997)。界面下部气态的甲烷和上部固态的天然气水合物巨大的速度和振幅差异形成了大面积连续分布的 BSR 反射。

5. 矿藏储集

1) 温压条件

布莱克海台的天然气水合物稳定带厚度为 0~700m，自陆架西北向东南逐渐变厚。以 ODP164 航次 997 井为例，该井区水深为 2783m，海底温度为 2.7℃，地温梯度为 37℃/km。天然气水合物稳定带出现在 440mbsf 以下。

2) 储集条件

中新世以来，布莱克海台广泛发育的钙质泥质黏土和富微体化石泥质黏土属于等深

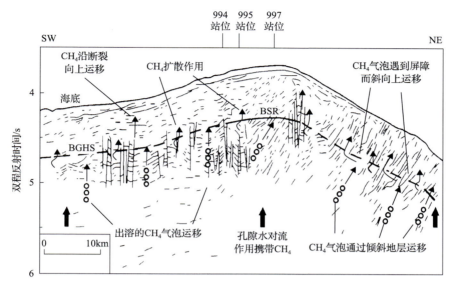

图 5.22 布莱克海台天然气运移通道和方式(据 Borowski, 2004)

流沉积体,沉积速率最高可达 30.3cm/ka,这些等深流沉积体可视为天然气水合物的潜在储层。特别是浅部沉积物颗粒直径相对较大,77%的氯度异常点都与相对粗粒沉积物有关。布莱克海台的天然气水合物主要分布于盐底辟上部的麻坑和粗粒沉积物中,994 井、995 井和 997 井结果显示,在 330~370mbsf 处天然气水合物以高饱和度的形式富集在一套相对粗粒的沉积物中,刺穿 BSR 的高角度断层使含气流体能够运移至稳定带内粗颗粒沉积物之中,形成高饱和度天然气水合物(23%~100%)(乔少华等,2013)。

第6章　南海天然气水合物成藏系统数值模拟

天然气水合物成藏是特定地质历史时期和地质背景下的产物，其形成与消亡实际上是盆地动力学演化过程中有机质-CO_2-甲烷-天然气水合物等物质形态在环境条件变动下相互转化、在空间上富集-分散的结果。天然气水合物成藏系统数值模拟能够从宏观上展示盆地温度-压力演化史、烃气生成运聚史、天然气水合物稳定带及成藏演化史。

6.1　盆地数值模拟技术发展进展

盆地分析是一项庞大的系统工程，具有多学科性和复杂性的特征。长期以来，由于受地质理论、测试手段及计算技术等条件的限制，石油地质家只对含油气盆地的特征和形成演化进行定性或半定量的描述和成因推理，这在一定程度上影响了对沉积盆地中油气成藏作用机理和成藏作用过程的认识。而盆地模拟技术的运用，使得对含油气盆地或油气系统的石油地质过程研究的快速、定量化成为可能。盆地模拟以系统科学理论为指导，以油气形成的石油地质机理为建模基础，将复杂的石油地质过程模型化、定量化，从而实现盆地的三维动态分析模拟。天然气水合物作为一种特殊的油气资源，其形成与赋存也是发生在含油气盆地发展演化地质历史中的事件，为了查明天然气水合物藏的形成机理，必须查明今天的天然气水合物藏或含天然气水合物系统的成藏要素在地史过程中的演变，即进行以天然气水合物成藏为核心的完整的盆地分析研究。

近十年来，盆地模拟在现代油气勘探与石油地质综合研究中发挥着越来越重要的作用。世界各大石油公司在油气勘探的实践中都十分重视盆地模拟技术的应用。可以说，作为油气勘探的一种手段或工具，盆地模拟是一种技术；作为了解油气地质过程的一种思维或方法，盆地模拟是一种研究思路和方法。实践证明，盆地模拟改进和完善了含油气沉积盆地分析的方法，是含油气盆地定量动态分析和石油地质定量化的有效途径(石广仁, 1994)。

自20世纪70年代末期盆地模拟技术出现以来，世界各大石油公司和研究机构相继开展了方法研究和软件研制工作。1978年德国于利希研究中心石油与有机地球化学研究所推出了基于正演地史的一维盆地模拟系统。其基本思路是，通过去压实作用恢复埋藏史，对欠压实地层计算其古超压史，同时算出相应的古厚度史，并获得流体速度史；通过热流方程获得古地温史；一直计算到今天，并反复调整计算使之与现今资料吻合；两史结合求出时温指数(TTI)和R_o史；在R_o史基础上，根据产烃率曲线计算生烃史和排烃史。1981年日本石油勘探有限公司建立了一个简化的二维盆地模拟系统。其特点是在地质剖面上划分若干小矩形单元，对每个单元进行沉积埋藏史和生烃史模拟，并用浮力法研究二次运移。1984年法国石油研究院建立了一个较完整的二维盆地模拟系统，模拟对象是经过地质解释的地震剖面。该系统使用正演的回剥技术恢复盆地埋藏史，并提出了根据现今热流求古热流的地球热力学法、两相运移法求流体压力史和油聚集史、地球热力学法求沿通道运移的含溶解气的油量等。同年美国南卡罗来纳大学地球科学系也研制了一维盆地模拟系统，并提出了用镜质组反射率确定古热流的方法，打破了以往单纯使用地球热力学法的传统，之后又相继提出了用其他几种地球化学资料确定古热流的方法，扩大了其应用范围。1987 年英国石油公司(BP)提出了一个关于油气二次运移聚集的二维模型，其特点是将烃类划分为两相，即含饱和水的"石油液"和"石油气"，"石油液"含有不同的成分；水动力和浮力的合力作为其运移的动力；考虑地下流体的不同相态，流体渗流符合达西定律；运移损失量与通道孔隙体积有关。1988 年日本石油勘探有限公司与美国南卡罗来纳大学合作，在原简化模型基础上建立了一个较完整的二维盆地模拟系统。该系统的烃类生成和运移模型考虑了独立的油相或气相运移、热膨胀力、毛细管力、裂缝及断层等。20 世纪 90 年代是盆地模拟全面发展的时期。其特点是各大石油公司不再集中大量人力、物力研制大型盆地模拟软件，而是转向与大学及科研机构合作共同开发，或购买商品化软件。软件系统由早期的剖面二维向平面二维和三维模型发展，盆地模拟在广泛的实际应用中得到不断的发展和完善。

在软件的工业化应用方面，目前在国际商品软件市场上活跃的主要是三家盆地模拟软件：①PetroMod 软件，最早由德国有机地球化学研究所研发，后由 IES (Intergrated Exploration Systems)公司继续对该软件进行开发，逐渐实现了一维、二维和三维的模拟技术。2008 年，斯伦贝谢公司收购了 IES 公司，正式更名为 PetroMod。2012 年，该软件增加了天然气水合物成藏模拟功能，可以有效分析天然气水合物稳定带在时间和空间的演化。在热成因气和浅层微生物成因气模拟的基础上，计算天然气水合物在稳定带内的实际聚集。②法国石油研究院(IFP)的 TemisPack(二维)、Genex(一维)和 Temis 3D(三维)系列软件。③美国 Platte River 公司(PRA)的 BasinMod，其主打产品是 BasinMod 1-D、BasinMod 2-D、BasinMod 3-D。这些软件内容全面，技术先进，商品化程度高，在解决盆地分析问题的不少方面都有其独到之处。麦肯齐盆地是加拿大位于北极圈内的含油气盆地，永久冻土带的厚度高达 700m，天然气水合物稳定带的厚度超过 1200m，但是 BSR 在该区显示不明显，表明天然气水合物下伏的游离气相对较少。利用现有的地球化学数据，应用 PetroMod 软件对油气生成、运移和聚集进行了模拟，发现相当部分的烃类气体产自上古新统至下始新统厚约 10km 的三角洲相沉积地层中。直到晚中生代盆地隆升，该套地层在盆地绝大多数地区的生烃才结束，分析结果揭示了麦肯齐盆地永久冻土带中天然气水合物的气体来源主要为热成因气。

我国盆地模拟技术发展历程与西方国家大体相似。1980 年我国胜利油田引进了德国的一维盆地模拟软件后对该软件进行改进，形成了我国第一套盆地模拟软件系统(SLBSS)。之后，石油勘探开发科学研究院于 1989 年推出了具有自主版权的一维盆地模拟系统(BAS1)，1990 年推出了二维盆地模拟图形工作站系统(BMWS)，1996 年推出了全新的具有国际版权的盆地综合模拟系统(BASIMS)(米石云，2009)。

对一个盆地或含油气系统的数值模拟包括两个主要的环节：建立地质模型和建立数学模型。地质模型是地质学家根据对盆地大量地质资料的实际观察和理论研究所做的关于盆地形成、演化及其石油地质过程的概括描述。将地质模型的物理化学特征用一系列的数字、符号来表征，同时用一定的数学表达式去描述或逼近这些特征间的定量关系，这种数学表达式就称为数学模型。地质模型是建立数学模型的基础，把地质模型转化为数学模型是实现盆地模拟的关键。在实际应用中，建立一个相对完善的地质模型是不容易的，这是由地质学的极端复杂性决定的。由于油气深埋地下，形成于地质历史时期，包含着极为复杂的物理化学机理和地质作用过程，因此，盆地石油地质模型的真实性，高度依赖于盆地的勘探程度以及地质理论的发展水平。其次，地质模型永远是对实际地质系统的近似描述，因为我们通过地球物理等技术获得的地质信息来自盆地的有限探测位置以及所获信息本身存在着一定的误差(石广仁，1994)。此外，为了获得主体规律性的认识，总要把地质体的边界特征和地质作用过程进行必要的简化，即给予一定的约束条件。即使在这些条件下，建立一个相对准确的数学模型仍然是比较困难的，必须进行足够量的测试分析和归纳演绎。

盆地模拟的地质模型有一百多年的研究历史，而数学模型则主要兴起于20世纪60年代末。当时，Tissot(1969)基于对干酪根晚期成烃机理的认识，建立了第一个成烃化学动力学模型，之后提出组分生烃动力学模型，使盆地生烃量数值模拟达到实用阶段。近20年来，沉积盆地模型化定量研究取得了长足进展。例如，Miall(1990)在《沉积盆地分析原理》一书中，提出了盆地沉积充填和演化历史分析的流程和地质模型；Allen P A 和 Allen J R(1990)在《盆地分析——原理及应用》一书中，从盆地动力学角度，介绍了盆地构造、沉积及充填演化分析的方法原理；Lerche 等(1990)长期致力于油气盆地定量模拟方法的研究，并于1990年出版了专著《盆地分析的定量方法》，该书较详细地介绍了含油气盆地数值模拟，尤其是热史模拟的方法原理及其应用；Welte 等(1997)在《石油与盆地评价》一书中，介绍了盆地定量分析模型和综合评价方面的新进展。国内学者自20世纪80年代末期以来相继出版了盆地定量分析方面的学术著作，其中不少方面都居于国际先进地位。总之，随着油气勘探的不断发展，以及对沉积成岩作用和排烃运移机理研究的日益深入，人们对油气盆地石油地质过程的主要环节都在一定程度上建立了相应的地质模型和数学模型。

从含油气盆地的地质属性和成矿机制来看，其研究内容不外乎两个大的方面：盆地动力学过程研究和油气成藏动力学过程研究。盆地动力学过程涉及的范围、内容很广，如沉降机制、变形机理、热状态、几何学、运动学特征等。作为地壳上的一种负向构造，盆地的动力学过程受控于地壳组成以及深部的岩石圈和地幔对流。自20世纪60年代以来，随着板块构造学说的提出和发展，人们对盆地的形成和演变已经建立了宏观的概念模型。80年代以来，相继建立了不同的数学地质模型，主要有两种：一种是拉伸盆地的动力学模型，即盆地的伸展作用及其下伏岩石圈响应的定量动力学模型，并确定了拉伸指数与盆地沉降、盆地热演化之间的定量关系。由于发育在被动大陆边缘的张性盆地与油气的关系比较密切，因此，张性盆地的动力学模型研究得较多。另一种称为前陆盆地的动力学模型研究显得薄弱。前陆盆地是构造负荷、沉积负荷以及地壳水平挤压应力共同作用形成的。根据地壳的流变性质，可划分为弹性和黏弹性两种挠曲沉降模型(龚再升等，2004)。

盆地演化动力学过程之中的油气成藏动力学过程，是由温度、压力和有效受热时间控制的化学动力学过程(油气生成),以及由压力、浮力、水动力和流体势控制的流体动力学过程(油气运聚)综合作用的结果。成藏动力学过程是近二十年来石油地质领域研究的热点。按照含油气盆地中油气形成与赋存的物理化学机理,一般把盆地的石油地质过程划分为五个有成因联系的子过程,各模块的功能及主要模拟方法见表6.1。

表 6.1 盆地模拟系统各模块的功能及主要模拟方法(据米石云,2009)

系统模块	模拟的功能	模拟的方法	适用性
地史	沉降史、埋藏史、构造演化史	回剥技术	正常压实带
		超压技术	欠压实带
		回剥和超压相结合	正常压实带和欠压实带
		平衡地质剖面	剖面上变形守恒
热史	热流史、地温史	地球化学法	勘探程度较高地区
		地球热力学法	可靠性较低
		地球热力学和地球化学相结合法	可靠性较高
生烃史	烃类成熟度史、生烃量史	TTI-R_o法	勘探程度较高地区
		EASY%R_o法	适用较广
		化学动力学法	适用较广
排烃史	排烃量史、排烃方向史	压实法	孔隙度变化正常的情况(排油)
		压差法	孔隙度变化异常的情况(排油)
		渗流力学法	排油、排气、排水
		微裂缝排烃法	深层及碳酸盐岩
		物质平衡法	排气
运聚史	油气运移史、油气聚集史	二维二相渗流力学	垂直剖面、油气或气水
		二维三相渗流力学	垂直剖面、油气水共存
		三维三相渗流力学	立体空间、油气水共存
		拟三维二相历史模拟	平面油、气
		流体势分析法	古构造及地下流体环境比较清楚
		算子分裂法	视三维模型

6.2 研究方法和原理

6.2.1 沉积埋藏史模拟

地层埋藏史研究是利用计算机恢复地层古厚度,动态地再现盆地的沉积发育过程,是研究油气的生成、运移、聚集及成藏过程的关键。地史模型是盆地模拟的基础模型。其作用在于为热史、生烃史、排烃史、运聚史提供时空模拟范围,并为它们提供有关参数。地史模拟过程中，应考虑尽可能多的地质事件，如沉积压实、超压、剥蚀、沉积间断、断层等。地史模型目前的主要应用是对盆地沉积发育史的模拟。盆地的沉积埋藏史主要是基于沉积地层的压实原理实现的。根据沉积压实原理，假设随着埋藏深度的增加，只有孔隙体积变小，而地层的"骨架"厚度不变，符合这一原理的主要是砂、泥（页）岩类。

本节采用的 PetroMod 盆地模拟软件中所采用的回剥技术，其原理基于沉积物在压实过程中，地层骨架体积和横向宽度始终保持不变（除非遭受抬升剥蚀和断层等事件），地层体积的变小由孔隙流体排出、孔隙度变小所致，且假设地层压实程度由埋深所决定，在埋深不超过最大古埋深时，地层压实程度保持不变。这样，地层体积的变化就可归结为厚度的变化。

根据地层沉积压实原理，岩石骨架厚度与孔隙度关系可表示为

$$H_s = \int_{Z_1}^{Z_2} [1-\phi(Z)] dZ \tag{6.1}$$

式中，Z_1 和 Z_2 分别为地层的顶界与底界埋深，m；H_s 为岩石骨架厚度，m；$\phi(Z)$ 为地层的孔隙度，小数，且有

$$\phi(Z) = P_s \phi_s(Z) + P_m \phi_m(Z) + P_c \phi_c(Z) \tag{6.2}$$

其中，P_s、P_m 和 P_c 分别为砂岩、泥岩和碳酸盐岩的含量，且 $P_s+P_m+P_c=1$；$\phi_s(Z)$、$\phi_m(Z)$ 和 $\phi_c(Z)$ 分别为砂岩、泥岩和碳酸盐岩的孔隙度。

根据 Athy（1930）和 Hedberg（1936）基于正常压力提出的孔隙度-深度关系方程，认为孔隙度与埋深呈指数关系，即：

$$\phi = \phi_0 \exp(-CZ) \tag{6.3}$$

式中，ϕ 为埋深 Z 时的孔隙度，小数；ϕ_0 为地表孔隙度，小数；C 为压实因子，m^{-1}，岩性不同其取值不同；Z 为地层埋深，m。

将式（6.2）、式（6.3）代入式（6.1）中并对其求积分，可得

$$H_s = Z_2 - Z_1 + P_s \frac{\phi_{0s}}{C_s}[\exp(-C_s Z_2) - \exp(-C_s Z_1)] + P_m \frac{\phi_{0m}}{C_m}[\exp(-C_m Z_2) - \exp(-C_m Z_1)]$$
$$+ P_c \frac{\phi_{0c}}{C_c}[\exp(-C_c Z_2) - \exp(-C_c Z_1)] \tag{6.4}$$

式中，ϕ_{0s}、ϕ_{0m} 和 ϕ_{0c} 分别为砂岩、泥岩及碳酸盐岩的原始地表孔隙度，小数；C_s、C_m 和 C_c 分别为砂岩、泥岩及碳酸盐岩的压实因子，m^{-1}；其他参数意义同前。ϕ_0 和 C 在同一地区对特定的岩性而言，可近似地看作一个常数。

由式（6.4）可导出：

$$Z_2 = H_s + Z_1 - P_s \frac{\phi_{0s}}{C_s}[\exp(-C_s Z_2) - \exp(-C_s Z_1)] - R_m \frac{\phi_{0m}}{C_m}[\exp(-C_m Z_2) - \exp(-C_m Z_1)]$$
$$- P_c \frac{\phi_{0c}}{C_c}[\exp(-C_c Z_2) - \exp(-C_c Z_1)]$$
(6.5)

式(6.5)中只有 Z_2 为未知，方程形式为 $Z_2=f(Z_2)$，用牛顿迭代法可求解出 Z_2，即可得出各地层在不同时代的古埋深，从而求得各地层单元在地质历史时期的古厚度。

6.2.2 热史模拟

地热在沉积物的成岩、成烃演化过程中起着重要的作用，各种岩石化学变化和矿物转化都以环境的温度为重要条件。地热史模拟的主要功能是重建含油气盆地的古热流史和古温度史，并为以后的生烃史、排烃史和聚烃史模拟提供温度场。

本节采用盆地模拟系统中热史模拟普遍采用的方法是地球热力学和地球化学动力相结合的反演技术，它是以 Lerche 等(1984)提出利用热化学反应中的时间-温度综合作用指数与热传导原理相结合的方法来重建古地温史和古热流史，即从盆地现今的热流或地温资料出发，反推古热流史和古地温史，并用实测的镜质组反射率资料来检验。计算古地温 $T(t, Z)$ 的数学表达式为

$$T(t, Z) = T_0 + Q(t)\int_0^Z \frac{1}{K(Z)} dZ$$
(6.6)

式中，T_0 为地表温度；$Q(t)$ 为随地史时间(t)变化的古热流，假设古热流与现今热流 Q_0 呈线性关系，即 $Q(t)=Q_0(1+\beta t)$，其中 β 为古今热流关系因子；$K(Z)$ 为随古埋深 Z 变化的地层热导率。

由此，重建古热流史与古地温史的方法就归结为寻求最佳的 β 值，使利用实测资料计算的时间-温度综合作用指数与根据模型推算的理论值之间的偏差达到极小。

6.2.3 有机质成熟史模拟

成熟度是有机质在地质历史演化进程中对时、温增加的综合效应。衡量成熟度的指标有很多，如镜质组反射率(R_o)、时温指数(TTI)、牙形石色变指数、煤阶指数、干酪根颜色指数、正烷烃碳优势指数(CPI)、饱和烃奇偶指数(OEP)等。镜质组反射率是反映烃源岩成熟度的可靠指标，是受地热作用的直接反映，而且镜质组反射率的模拟方法研究较为深入，因此是一个很好的检验热史恢复的指标。

本节盆地模拟中定量恢复成熟度史的模型主要是 Sweeney 和 Burnham(1990)提出的 EASY%R_o 模型。它是目前用于成熟度计算最为完善的一种模型。1990 年，Sweeney 和 Burnham 在其提出的 VITRMAT 模型及综合前人研究成果的基础上，推导出了一种计算 R_o 的简化实用的动力学模型，简称为 EASY%R_o 模型。该模型以热模拟实验为基础，将镜质组的成熟反应分为四个主要的平行化学反应，即脱 H_2O、CO_2、CH_4 及高碳数烃。

计算 R_o 的数学表达式为

$$R_o = \exp(-1.6 + 3.7F_j), \quad j=1, 2, 3, \cdots \qquad (6.7)$$

式中，F_j 为某一地层底界的第 j 个埋藏点的化学动力学反应程度，其取值范围为 0～0.85。EASY%R_o 通过将时间和温度史分解成一系列等温段或恒定加热速率段，可以计算出镜质组的反应程度。不仅考虑了众多一级平行化学反应及其相应反应的活化能，还考虑了加热速率，同时它简单易行，适用于不同的受热条件，适用范围广（R_o 值在 0.3%～4.5%），能比较精确地模拟地质过程中有机质成熟度演化。

6.2.4 生排烃史模拟

生排烃史模拟是盆地模拟的重要组成部分，生烃史模型的主要功能是计算盆地烃源岩的油气生成量及其成烃历史，排烃史模型的主要功能则是重建含油气盆地的油气初次运移史。油气的初次运移史的作用不仅在于计算排烃量和排烃方向，还能够为运移聚集史模型提供烃源基础。

目前理论基础较扎实、应用广泛的油气生成量计算模型主要有三种。

（1）R_o-生烃率模型。该模型以岩石热解模拟实验资料为基础，根据在成熟度史中求得的 TTI 与 R_o 拟合关系，结合模拟实验得出的 R_o-生烃率关系或 R_o-裂解率关系，求取烃源岩在不同地质历史阶段的生油强度和生气强度，从而定量研究盆地的成烃史。由于热解模拟样品直接来自实际研究地区，针对性强，模拟结果与实际情况吻合，可信度较高，但对缺少热模拟实验数据的地区，模拟精度则受到限制，且不适用于以生物化学作用为主的有机质成烃模拟。

（2）化学动力学模型。该模型基于干酪根热降解成烃的化学动力学原理，在埋藏史模拟所得的地层埋藏史和热史模拟所得的烃源岩古地温史的基础上，通过求解化学动力学方程组，计算出干酪根的降解率史，进而求得烃源岩的生烃史。该模型所需的参数相对较少，适用性较广，但其计算结果不如 R_o-生烃率模型可靠。

（3）物质平衡模型。物质平衡法是基于物质平衡原理，认为有机质在转化前的初始质量等于转化后残余物质的质量与各种产物的质量之和。

考虑到研究区参数较少的实际情况，本书模拟选取的是化学动力学模型。排烃史模型则建立在地史、热史、生烃史模拟基础之上，利用渗流力学法计算排烃量，利用达西定律法计算排烃的方向。

6.2.5 运聚史模拟

对天然气的二次运移进行研究，本书主要运用流体势分析法，它是利用渗流力学原理，定量或半定量研究油气二次运移的有效途径之一。

油、气、水在地层中的运移作为一种机械渗滤过程，它遵循热力学第二定律，即总是自发地从机械能高的地方流向机械能低的地方。机械能包括压能、动能和位能三项。上游断面 1 和下游断面 2 的机械能构成及其之间的关系可用伯努利方程来表示：

$$\int_0^{p_1} V\mathrm{d}p + \frac{1}{2}mv_1^2 + mgZ_1 = \int_0^{p_2} V\mathrm{d}p + \frac{1}{2}mv_2^2 + mgZ_2 + W \tag{6.8}$$

式中，p_1、p_2 分别为断面 1、断面 2 动水压力；Z_1、Z_2 为高程（基准面高程为零）；v_1、v_2 分别为两断面处的流速；W 为流体能量的损耗。

Hubbert（1987）对流体势和水动力在形成油气圈闭过程中的作用做了详细的研究。他把单位质量的流体所具有的机械能的总和定义为流体势（ψ），即

$$\psi = \int_0^p \frac{\mathrm{d}p}{\rho} + gZ + \frac{1}{2}v^2 \tag{6.9}$$

式（6.9）中等号右边的三项分别表示了单位质量流体所具有的压力势能、位置势能和动能。England 在 1987 年提出的流体势概念，考虑了两相界面引起的界面势能，即毛细管势。但由于毛细管势的求取涉及流体运移的孔喉半径，这是一个很难测量的量，而且误差较大，进而考虑到在地下流体在运移过程中，尤其是垂向运移主要取决于式（6.9）中的三项，所以毛细管势可以不予考虑。实际上，地下流体的流速是极其缓慢的（＜1cm/s），动能项远小于前两项之和，故可看作为零。又因为储层条件下流体的可压缩性较小，密度也可视为定值，因此压力势能项中的积分号可取消。因此，地层中的流体势可用简化的 Hubbert 势模型表达如下：

$$\psi = \frac{p_\mathrm{f}}{\rho} + gZ \tag{6.10}$$

式中，p_f 为深度 H 处的孔隙流体压力，Pa；ρ 为流体在深度 Z 处的密度，kg/m^3；g 为重力加速度，m/s^2；Z 为深度，相当于海拔的深度，m。

作为地层空间普遍存在的孔隙流体-水而言，对它的运移研究多以式（6.10）所定义的水势作为研究的切入点。对于在含水介质中运移的气而言，它的势同样也可根据定义式表示成

$$\psi_\mathrm{g} = \frac{p_\mathrm{f}}{\rho_\mathrm{g}} + gZ \tag{6.11}$$

式中，ρ_g 为气的密度，其他各项的物理意义同上。

从势的角度分析，分散状态的油气在其势达到最低值以前，在油气力场的支配下，必然要从油气高势区向低势区运动。只有当油气到达被高势区或与非渗透性屏蔽联合封闭的油气低势区时，才能达到稳定状态。整个地层空间可以看作是由一系列等势面所划分的空间，单位质量的流体从高势面流向相邻的低势面所减少的势能正是两个等势面间隔的势差。

由以上分析可知，处于地下某一空间位置的流体，其流体势大小取决于流体压力、高程、密度及所在地区的重力加速度等因素，其中以流体压力最为重要。一般地，在研究中可根据盆地内钻井实测的地层压力、声波测井及地震层速度等资料，来预测盆地内的地层异常压力及其分布，然后将压力转换成流体势，做出流体势平面图；通过油气二次运移的方向、距离和范围，再结合各种圈闭性质及其所在位置的地质分析，来推测可

能的油气聚集的有利部位。

6.2.6 天然气水合物成藏系统数值模拟

含油气系统盆地模拟软件 PetroMod 在 2012 年加入了天然气水合物模拟模块，用于模拟来源于有机质的微生物成因和热成因气形成的天然气水合物的形成。与常规油气相比，天然气水合物形成受压力、温度和气体的供给等因素控制更加明显。在天然气水合物成藏系统模拟过程中，首先要基于地震资料解释构建二维/三维地质模型，设置天然气水合物储集层的岩性，水的盐度和最低的气饱和度，在生烃模型设置上，针对深部热解烃源岩，选择多组分生烃模型(甲烷作为单独的组分)；针对浅层微源岩，选择浅层微生烃模型。在相平衡模块，设置天然气水合物稳定带的温度压力条件。在时间空间范围内，天然气水合物模型更为精细，最小的地层厚度可以为 100m，最小的时间单位可以为 100 年。设置好地质模型和数学模型后，模拟计算时，可以模拟天然气水合物稳定带形成演化史及天然气水合物成藏演化史，综合分析天然气水合物形成与分解过程，并可追踪天然气水合物热成因气与生物成因气从形成、运移到聚集成藏的过程。

6.3 南海北部天然气水合物成藏系统数值模拟

6.3.1 神狐海域天然气水合物成藏系统三维数值模拟

1. 概况

神狐海域研究区位于南海北部陆缘陆坡区上段神狐海域附近，构造上处于珠江口盆地南部深水拗陷区(珠二拗陷)，水深为 400~1600m。经历了与珠江口盆地新生代地史总体相似的演化过程：晚白垩世—始新世，受南海第一次北西—南东向海底扩张的影响，珠江口盆地基底形成一系列北东向展布的小型断堑，充填一套中深湖相沉积；中渐新世—早中新世，受活动大陆边缘地壳均衡作用的影响，研究区南部的东沙—神狐一带发生隆起，而研究区则由原来的隆起区转变为断堑；中中新世—第四纪，整个珠江口盆地进入差异性沉降阶段，随着南海海底扩张的停止，地幔物质冷却，珠江口盆地向南部发生倾侧，海侵加剧，整个珠江口盆地成为广海陆棚沉积环境，研究区所在的珠二拗陷成为珠江口盆地的沉降中心。在神狐海域陆坡沉积背景下，研究区主要发育峡谷水道-水下扇沉积体系。

研究区主要发育新生界，自下而上依次发育古新统、始新统、渐新统、中新统、上新统和第四系，分别划分为神狐组基底、文昌组、恩平组、珠海组、珠江组、韩江组、粤海组、万山组和第四系地层单元。根据钻井资料分析，研究区自下而上分别表现为陆相、海陆过渡相、海相沉积，总体上呈现海平面逐渐升高的趋势。始新统文昌组是在盆地内湖泊面积最大，水体最深的时期形成的，沉积物类型属于陆内半深湖-深湖沉积；渐新统恩平组是在盆地沉降速率减缓、物源供应充分、大面积河流相与沼泽相沉积时期形成的，在研究区保留大面积湖相沉积；晚渐新世以来研究区处于拗陷沉降期，以滨浅海-半深海沉积环境为主；晚中新世以来则以三角洲、扇三角洲、滑塌沉积为主，形成了现今神狐区域的沉积环境。

2. 模型建立

以神狐海域勘查研究区三维地震最新解释成果为基础，结合实钻井资料数据和相关分析化验数据，建立成藏系统三维精细模型，其中，构造精细模型是基础。

1) 数据处理

建立三维模型需要解释与处理相关数据，如地震层位、断层、泥底辟及气烟囱的解释，钻井数据及其他各类化验数据分析与处理。

2) 构造模型建立

根据前期调研成果，断层、泥底辟等构造也为深层气垂向运移的主要通道，因此需要将解释的断层、泥底辟等构造加入构造模型中。地层中的高渗透砂层，可作为天然气水合物横向运移通道，根据三维地震解释成果，参照白云凹陷地质时代表，设置各地层的地质时间，从而最终建立神狐海域先导试验区三维构造精细模型。

3) 参数选取

在构造模型的基础上，需要设置模型参数，包括岩性、岩相、烃源岩、断层及模型边界条件如热流、水深、地温等。

(1) 岩性/相参数设置。

岩性属性是非常重要的参数，它不仅影响气的储集，同时也会影响气的运移。研究区天然气水合物主要发育层段均为浅层，岩性差别不大，均为粉砂岩，根据测井解释泥质含量的差异，可以分为以下三种岩性：粉砂岩(泥质含量小于15%)、含泥粉砂岩(泥质含量为15%～30%)及泥质粉砂岩(泥质含量大于30%)。

针对不同的岩性，分别统计其孔隙度，建立深度与孔隙度之间的关系。据此来修订不同层位不同岩性的压实曲线。根据实测测井曲线成果，将浅层(万山组—第四系)岩性设置为粉砂岩和泥岩两类，细分为含天然气水合物和不含天然气水合物两种类型，使用实测孔隙度进行校准。在岩性定义的基础上，根据实测井数据和岩相平面成果图，分别建立了万山组和第四系上下三层岩相图。

对于非天然气水合物发育层段(粤海组之下)，根据珠江口盆地(东部)地层柱状图来设置岩性，主要包括砂岩和泥岩，局部发育石灰岩，从标准岩性库中选取砂岩、泥岩和石灰岩三种不同岩性，赋给相应地层。在模型中，最下部为基底神狐组；之上文昌组、恩平组、珠海组、珠江组为砂泥岩地层，粤海组—韩江组局部发育碳酸盐岩。

(2) 烃源岩参数设置。

烃源岩的参数设置主要参考前期调研的研究成果。神狐钻探区取得的岩心分析数据表明，该区浅层微生物成因气源岩有机质丰度较高，可以成为有效的微生物成因气源岩。分析结果表明，SH1B、SH2B、SH5C 和 SH7B 四个钻孔总有机碳平均值差异不大，为 0.64%～0.97%，最大值达 1.73%，最小值达 0.29%(苏丕波等, 2014a)。傅宁等(2007)的研究成果：恩平组 TOC 平均值为 2.19%，氢指数(HI)平均值为 157.4mg/g；文昌组 TOC 平均值为 2.94%，HI 平均值为 483.4mg/g(苏丕波等, 2011)。

对于生烃模型，深层热成因生烃模型，参考珠江口盆地文昌组和恩平组烃源岩参数，从软件模型库中选取，文昌组选取Ⅱ型干酪根模型，恩平组选取Ⅲ型干酪根模型。对于浅层微生物成因气生烃模型，其与温度有关，根据分析化验数据，生烃主峰温度为34℃。

(3) 模型边界条件参数设置。

模型边界条件参数主要有热流、水深和地温。

热流模型的边界条件指模型的底面与顶面边界上的参数，底面为基底热流，即热量从下向上传输的速度；顶面为沉积物表面温度，如果在水下，为沉积物顶面与水接触面的温度，如果在海平面之上，则为地表温度模型的边界条件。本次热流参数设置主要参考张功成等(2007)的研究成果。

水深是天然气水合物发育的必要条件之一，本次水深变化主要参考前人在该区域的研究成果(吴伟中等，2013)。

白云凹陷位于珠二拗陷，根据珠二拗陷水深变化数据，结合现今水深，形成关键地质时期的古水深平面图。

地温取值来自软件自带的全球海平面平均温度，输入本次研究区的纬度位置(北半球东亚区5°)即可。

3. 盆地模拟法结果分析

常规的含油气系统模拟成果包括沉积构造演化史、热演化史、生烃史和油气运聚史，对于天然气水合物这种特殊的资源，还包括天然气水合物稳定带演化史和天然气水合物聚集史。

1) 气源供给系统

天然气水合物的气源包括深层热成因气和浅层生物成因气两种类型。该区域热解烃源岩主要为文昌组和恩平组，分别对深层文昌组和恩平组烃源岩及浅层烃源岩演化进行了模拟研究，包括烃源岩成熟度、转化率和生烃量。

(1) 烃源岩成熟度演化。

文昌组烃源岩于23Ma珠海组沉积时期，大部分进入生油窗，西部最深部位进入早期生气窗，仅东部局部地区处于未成熟阶段。恩平组东部高部位处于未成熟阶段，向西依次进入早期和大量生油窗口(图6.1)。

至18.5Ma，珠江组沉积早期，文昌组西北部较深地区进入主要生气窗，东部及南部地区进入大量和晚期生油窗；恩平组西部较深地区进入生气窗，中部大部分地区处于生油窗，仅东部高部位局部地区处于未成熟阶段(图6.2)。

至16Ma，珠江组沉积晚期，文昌组大部分地区进入生气窗，仅东南部地区仍处于生油窗；恩平组西部地区进入生气窗，东部及北部地区仍处于生油窗(图6.3)。

至5.3Ma，粤海组沉积期，文昌组大部分地区处于生气窗口，西部部分地区进入过成熟阶段，仅东部局部地区仍处于晚期生油阶段。恩平组自东向西分别处于主要生油窗、晚期生油窗、湿气窗口，大部分地区处于干气阶段，西部局部地区处于过成熟阶段(图6.4)。

现今，文昌组西部地区处于过成熟阶段，中部大部分地区处于干气阶段，东部小部分地区处于湿气阶段。恩平组自东向西分别处于主要生油窗、晚期生油窗、湿气窗口，中西部大部分地区处于干气窗口，西部较深地区处于过成熟阶段(图6.5)。

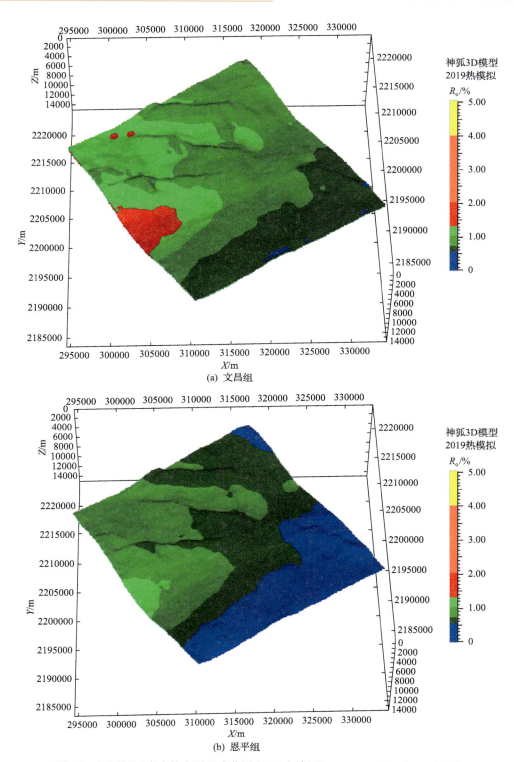

图 6.1 深层烃源岩成熟度平面演化图(23Ma)(据 Sweeney and Burnham, 1990)

X、Y 为大地坐标,Z 为深度

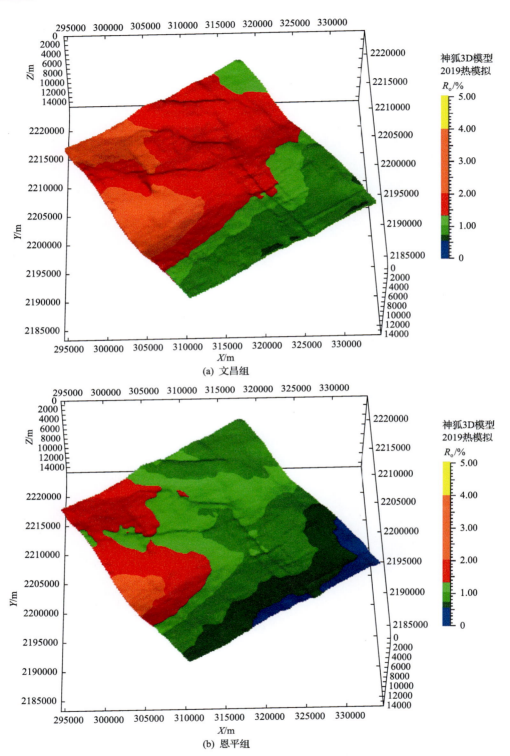

图 6.2 深层烃源岩成熟度平面演化图（18.5Ma）

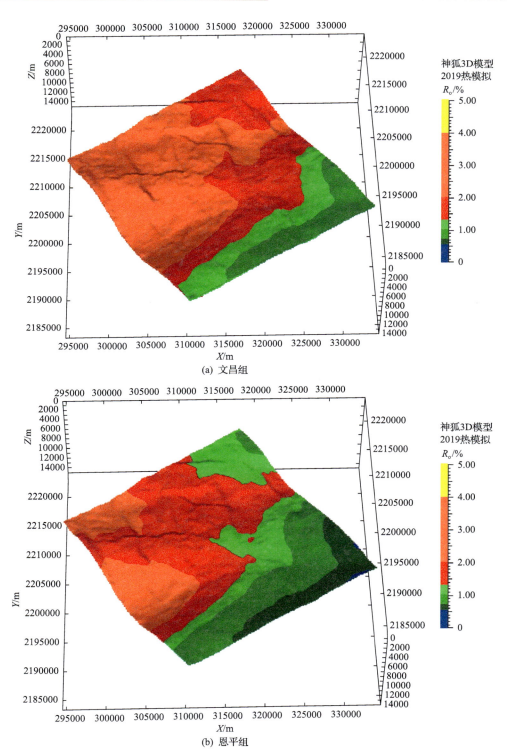

图 6.3 深层烃源岩成熟度平面演化图(16Ma)

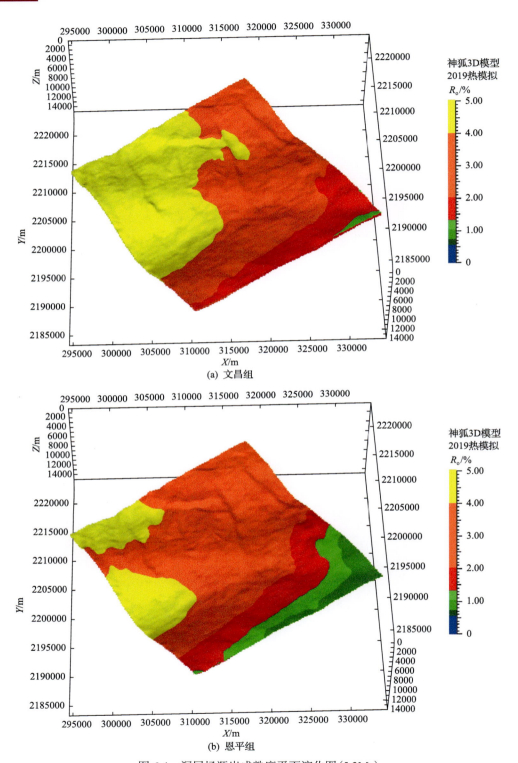

图 6.4 深层烃源岩成熟度平面演化图(5.3Ma)

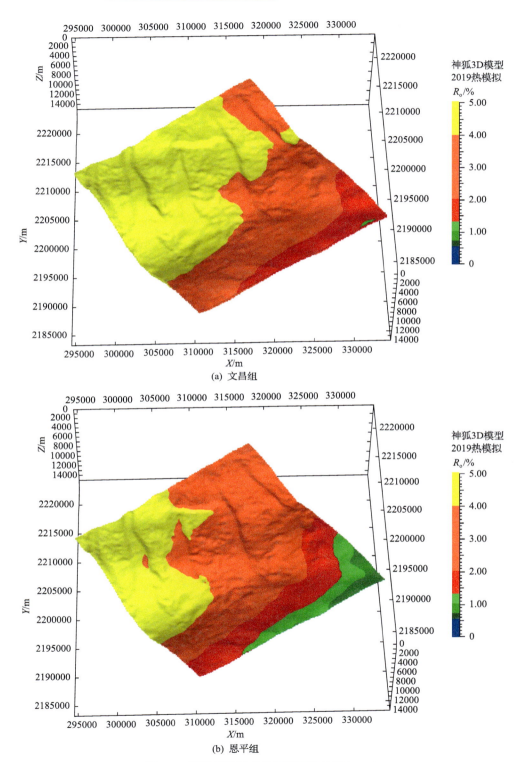

(a) 文昌组

(b) 恩平组

图 6.5 深层烃源岩成熟度平面演化图(0Ma)

(2)烃源岩转化率演化。

转化率为干酪根转化为油气的比率。文昌组烃源岩转化率接近100%,表示大部分有机质已经转化为油气;恩平组转化率大部分地区在90%以上,仅东部地区转化率相对较低,为60%~70%,表明该套烃源岩仍具有生烃潜力,目前仍处于生烃阶段(图6.6)。

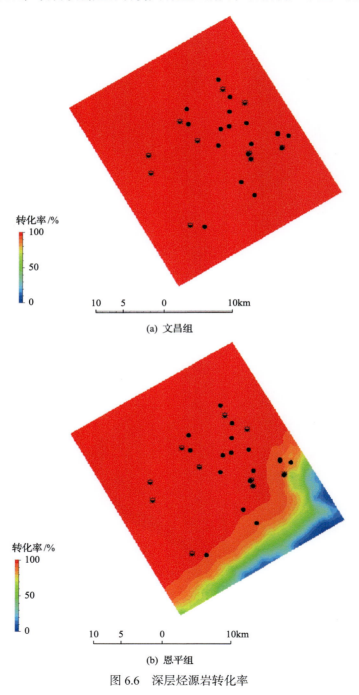

图 6.6 深层烃源岩转化率

在深层烃源岩演化模拟的基础上,对浅层微生物成因气的烃源岩开展了模拟研究,包括韩江组、粤海组、万山组和琼海组。从转化率结果分析,顶部的琼海组转化率相对较低,仅东南部深水地区相对较高,为10%左右;下部万山组烃源岩转化率变大,受构造影响,转化率高低与构造发育程度成反比,转化率高的条带为30%~50%;韩江组和粤海组烃源岩转化率相对较高,基本达到90%以上,表明有机质均已转化为微生物成因气(图6.7)。

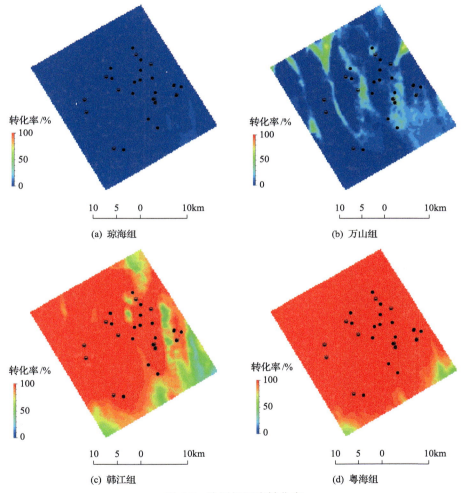

图6.7 浅层烃源岩转化率

剖面上,可以同时展示深层烃源岩和浅层烃源岩演化特征。从东部南北向剖面看,16Ma珠江组沉积早期,深层文昌组烃源岩进入生油门限,总体转化率高达90%以上;恩平组北部深部位转化率相对较高,向南部随着地层变高,转化率逐渐降低(图6.8)。

11.6Ma韩江组沉积晚期,深层文昌组烃源岩转化率接近100%;恩平组除南部高部位外,转化率在90%以上;浅层微生物成因气烃源岩韩江组下部转化率高,90%以上,向上烃源岩转化率逐渐变低,分别为30%和20%,向南转化率逐渐变低(图6.9)。

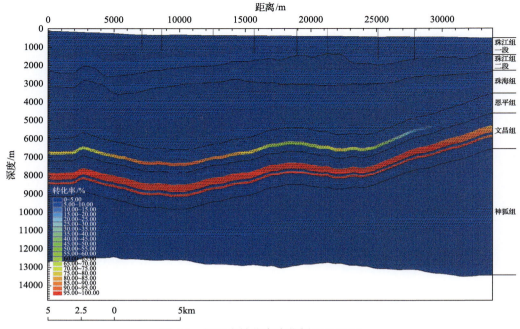

图 6.8　烃源岩转化率演化剖面（16Ma）

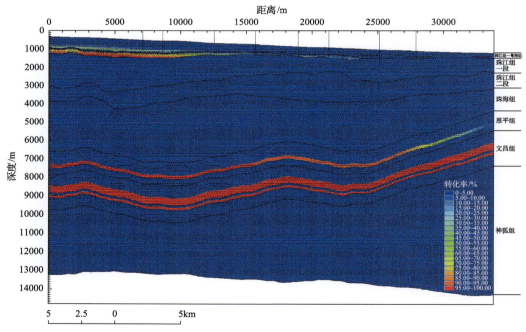

图 6.9　烃源岩转化率演化剖面（11.6Ma）

5.3Ma 粤海组沉积期，深层文昌组烃源岩转化率达 100%，恩平组南部低转化率范围继续减小，大部地区转化率近 100%；浅层微生物成因气烃源岩韩江组转化率达 100%，粤海组烃源岩转化率为 30%左右（图 6.10）。

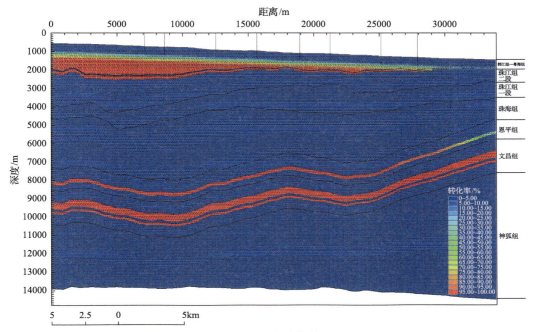

图 6.10　烃源岩转化率演化剖面(5.3Ma)

1.8Ma 万山组沉积期,深层文昌组烃源岩转化率达 100%,恩平组大部地区也仅 100%;浅层微生物成因气烃源岩韩江组—粤海组转化率达 100%,万山组烃源岩转化率为 50%左右(图 6.11)。

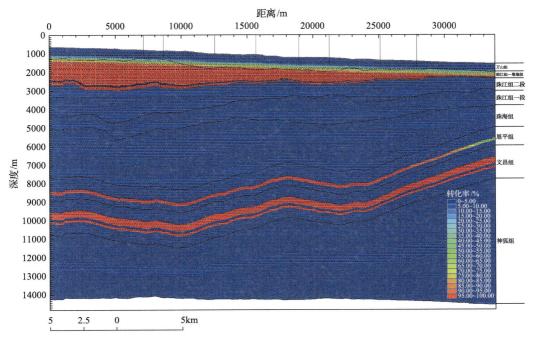

图 6.11　烃源岩转化率演化剖面(1.8Ma)

现今，深层文昌组烃源岩转化率达100%，恩平组南部烃源岩转化率达100%，南部局部高部位为65%左右；浅层微生物成因气烃源岩韩江组—粤海组、万山组—第四系转化率达100%，琼海组自下而上烃源岩转化率变小，从60%至10%左右（图6.12）。

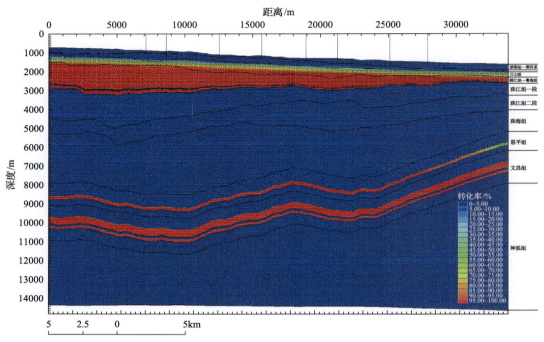

图6.12　烃源岩转化率演化剖面（0Ma）

(3) 烃源岩生烃时期。

在烃源岩成熟度和转化率模拟研究的基础上，研究了烃源岩的生排烃期。深层热成因气源文昌组为主要烃源岩，34Ma 开始生烃，28.4Ma 开始进入主要生烃期，持续至 18.5Ma；之后生烃量减小。恩平组烃源岩在 25Ma 开始生油，23～11.6Ma 为生烃高峰，16Ma 开始生气，自 5.3Ma 起，其大部分地区生成气，仅东部高部位生油，一直持续到现今（图 6.13）。

气的生成相对偏后，从图 6.14 深层烃源岩的生气直方图可以看出，深层热成因气源文昌组 38.4Ma 开始生气，主要生气高峰时期在 23～11.6Ma，之后生气量减小，持续至 5.3Ma。恩平组烃源岩在 23Ma 开始生气，23～5.3Ma 为生气高峰，之后生气量减小，持续至 1.8Ma。现今两套烃源岩处于生烃末期。

浅层生物气烃源岩包括粤海组—韩江组、万山组和琼海组上下共计四套。韩江组—粤海组在 16Ma 开始生气，11.6～1.8Ma 为生气高峰，目前仍处于生气末期；万山组在 5.3Ma 开始生烃，现今处于生气高峰期；琼海组从 5.3Ma 开始生气，但生气总量相对较小，目前处于生气期（图 6.15）。

从生气量分析，文昌组烃源岩生气量最大，是恩平组生气量的 9 倍，为神狐海域先导试验区主力烃源岩；其次为韩江组—粤海组，其生气量为恩平组烃源岩生气量的 2 倍。

恩平组和万山组生气量相对较小，琼海组生气量最小。烃源岩生成的气需要通过输导通道，运移至浅层天然气水合物发育地层，才能形成天然气水合物。因此，生烃期与输导体系活动期、天然气水合物稳定带发育时期之间的匹配关系，决定了哪一套烃源岩是对天然气水合物贡献较大的有效烃源岩。通过油气运聚模拟可以得到这一结果。

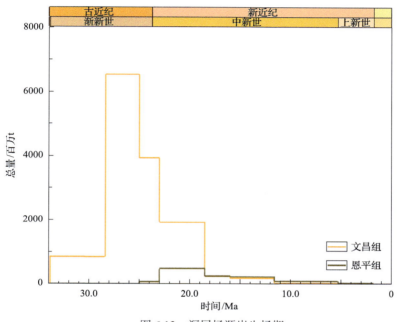

图 6.13 深层烃源岩生烃期

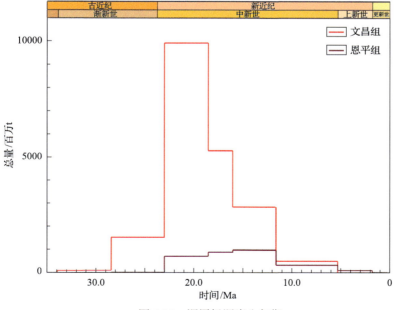

图 6.14 深层烃源岩生气期

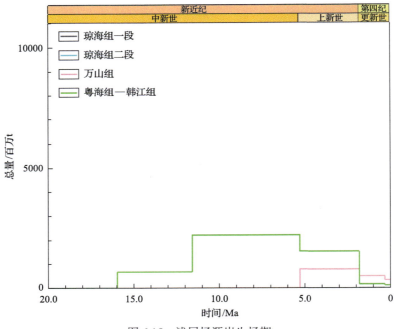

图 6.15　浅层烃源岩生烃期

2）流体输导系统

在烃源岩研究的基础上，对油气的运聚进行模拟，得到油气，特别是气的运聚演化史，包括深层热成因气和浅层生物成因气，分析深层气垂向运移的主要通道和时期，该项工作对研究天然气水合物的主要气源及主要形成时期具有重要意义。

(1) 油气运移演化史。

在三维空间内，显示文昌组烃源岩层，属性为转化率，其上显示油气运聚箭头，该箭头的多少代表了油气量的大小，箭头方向代表了油气运聚方向，绿色表示油，红色代表气，斑块状表示油气聚集。25Ma 为珠海组沉积时期，深层烃源岩以生油为主，生成的油气向上运移，在上部珠海组储层中聚集成藏（图 6.16）。

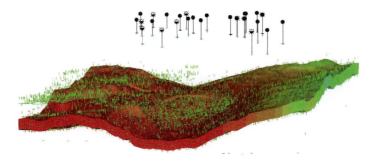

图 6.16　油气运移三维立体演化图（25Ma）

16Ma 珠江组沉积时期，西部最深部位，烃源岩开始生气。但该时期总体还是以生油为主，由于地层倾角变大，西低东高，除垂向运移外，也有自西向东的横向运移（图 6.17）。

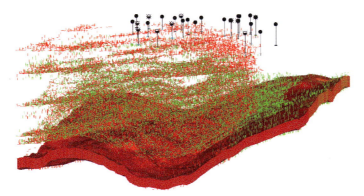

图 6.17 油气运移三维立体演化图（16Ma）

11.6Ma 韩江组沉积晚期，深层烃源岩除东南部高部位外，总体以生气为主，以垂向运移为主，在储层中聚集成气藏。在东南部深层热成因气通过泥底辟运移至浅层。浅层微生物成因气烃源岩进入生烃期（图 6.18），微生物成因气生成（上部红色小箭头）。

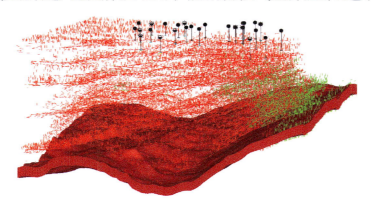

图 6.18 油气运移三维立体演化图（11.6Ma）

5.3Ma 粤海组沉积期，深层大部分生气和垂向运移为主，浅层烃源岩随着埋藏深度的增加，更多的地层进入生气阶段（图 6.19）。

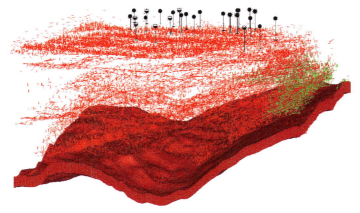

图 6.19 油气运移三维立体演化图（5.3Ma）

3Ma 万山组沉积期，深层烃源岩全部生气，但生气量有所减少；浅部烃源岩生气量继续增加，垂向和横向运移并存（图 6.20）。

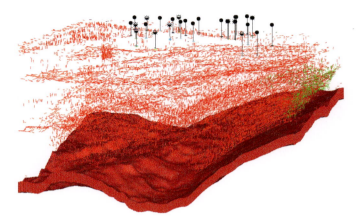

图 6.20　油气运移三维立体演化图（3Ma）

1.8Ma 深层烃源岩生气量减小，以浅层微生物成因气烃源岩生气和横向运移为主（图 6.21）。

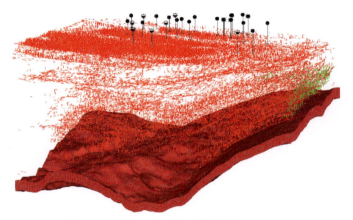

图 6.21　油气运移三维立体演化图（1.8Ma）

(2)气垂向运移通道。

天然气水合物中甲烷气的来源问题，是一个长期争论的问题。在前期项目过程中，由于受当时地震解释成果的限制，缺失断层解释数据，因此虽然模拟了深层烃源岩的演化，由于没有垂向运移通道，深层热成因气无法运移至浅层天然气水合物发育层段。因此，当时的结论是，天然气水合物中的甲烷全部来源于浅层微生物成因气。

本书建模过程中，重点对垂向运移通道、断层和泥底辟构造进行研究，嵌入构造模型，设置断层和泥底辟活动期，在气运移过程中，重点关注了深层热成因气的垂向运移。在建模章节介绍过，断层的开启时期为 23Ma 至今，在油气运移过程中，18.5Ma 下珠江组沉积时期，文昌组生成的气沿断层向上运移至海底。至 11.6Ma 韩江组沉积晚期，气持续沿断层向上运移至下珠江组（图 6.22）。

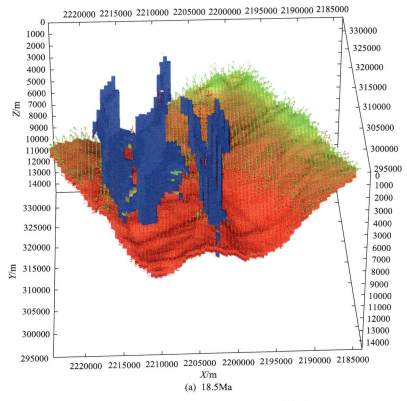
(a) 18.5Ma

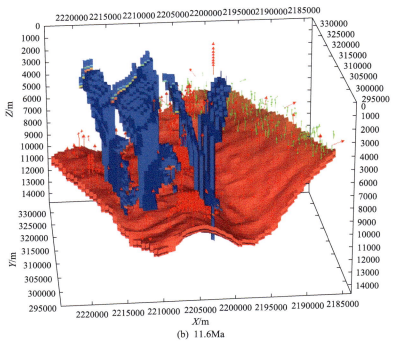
(b) 11.6Ma

图 6.22 深层热成因气垂向运移通道(断层)

红色箭头表示气体运移方向；绿色箭头表示石油运移方向；同类图含义相同

泥底辟构造的主要活动期为 11.6Ma 至今。11.6Ma 韩江组沉积晚期，气开始沿泥底辟向上运移至下珠江组，至 1.8Ma 万山组沉积时期，气持续沿泥底辟向上运移至上珠江组（图 6.23）。

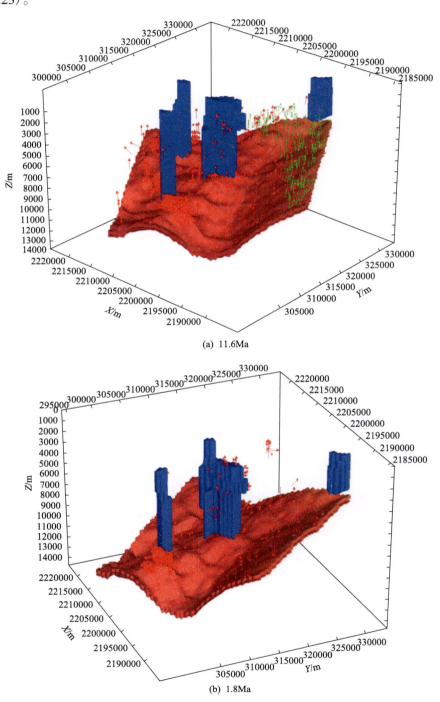

(a) 11.6Ma

(b) 1.8Ma

图 6.23 深层热成因气垂向运移通道（泥底辟构造）

3) 矿藏储集系统

(1) 温压稳定带范围。

在构造演化史的基础上，首先开展的是热演化史模拟，获得烃源岩演化史和天然气水合物稳定带演化史。由于工区内没有实钻井镜质组反射率来标定热模拟成果，本次标定是以调研成果中的深层烃源岩的成熟度来标定热模拟结果。如前所述，研究选取了高、中、低等共计四种热流曲线，分别基于这四种热流演化曲线，对神狐地区含油气系统模型开展了温压模拟，模拟结果如图 6.24 所示。

① 温压模拟与标定。

根据吴伟中等(2013)研究成果，白云凹陷文昌组 R_o 值在 2.0%以上，处于过成熟生干气阶段；恩平组烃源岩为成熟阶段，R_o 值也都在 1.0%以上。因此第四种低热流值演化适合该区。

② 天然气水合物稳定模拟与标定。

在热标定的基础上，对研究区天然气水合物稳定带进行模拟，模拟结果如图 6.25 所示。稳定带纵向上主要分布于第四系和万山组。

天然气水合物稳定带模拟结果的标定主要通过实钻井测井解释成果。通过对比单井解释成果与模拟结果在井点处的稳定带，得到天然气水合物稳定带深度域标定结果，25 口井中，有 12 口井符合，模拟吻合率为 48%。根据之前三维模拟的经验，分析主要原因认为是由于热流值的设定造成的。先前的热流值，一个地质时期一个值，没有考虑到平面的变化。因此，针对三个关键地质时期，编辑相应的热流平面图。编辑的原则是：中部为初始值，向北变大，向南变小。通过不断的编辑调整，使模拟结果与更多的井匹配上，最终得到三个地质时期的古热流平面分布图(图 6.26)。

调整热流后，西部和中部两个构造脊上的井点模拟结果与井数据能够匹配上。南部的 9 口井中有 5 口井能够吻合上，总体模拟结果吻合度达到 84%。

③ 稳定带分布范围及演化特征。

在稳定带深度标定的基础上，研究稳定带平面分布特征及其演化规律。从平面上看，稳定带形成于 14.2Ma 韩江组沉积早期，主要在工区南部水深较大区域，至粤海组沉积时期，稳定带范围向北略有推进，但范围变化不大。粤海组沉积时期，稳定带范围自南向北覆盖工区大半范围，至万山组，稳定带范围向北快速扩大，覆盖全区，并持续至今。东西向上稳定带厚度基本稳定，范围为 150~200m；南北向上，南部厚，约 200m，向北减薄至 100m(图 6.27)。

从剖面上看，韩江组沉积早期，上部在工区南部水深较大区域发育局部稳定带，至韩江组沉积晚期，稳定带范围向北略有扩展，厚度也略有变厚。粤海组沉积时期，韩江组上部的稳定带消失，稳定带发育于粤海组中，自南向北，稳定带厚度逐渐减小。万山组沉积时期，粤海组中的稳定带消失，稳定带发育于万山组中，覆盖全区厚度基本稳定，向北略有减薄。现今，稳定带范围覆盖全区，主要发育在琼海组中，局部发育于万山组中(图 6.28)。

海域天然气水合物成藏系统分析

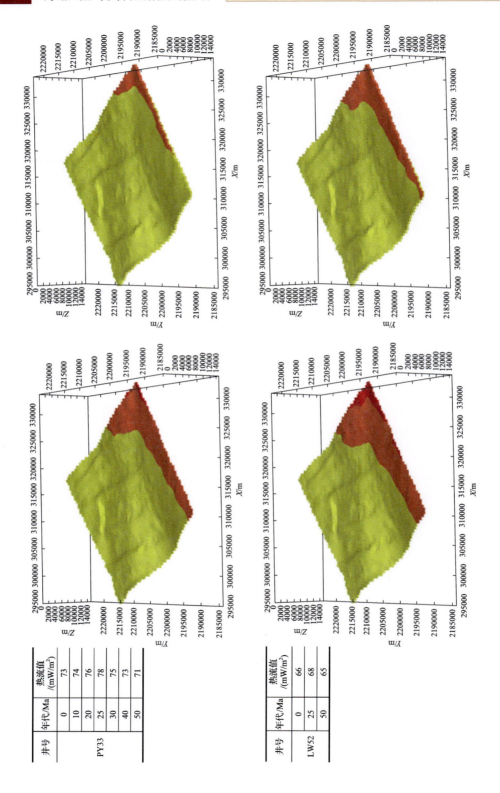

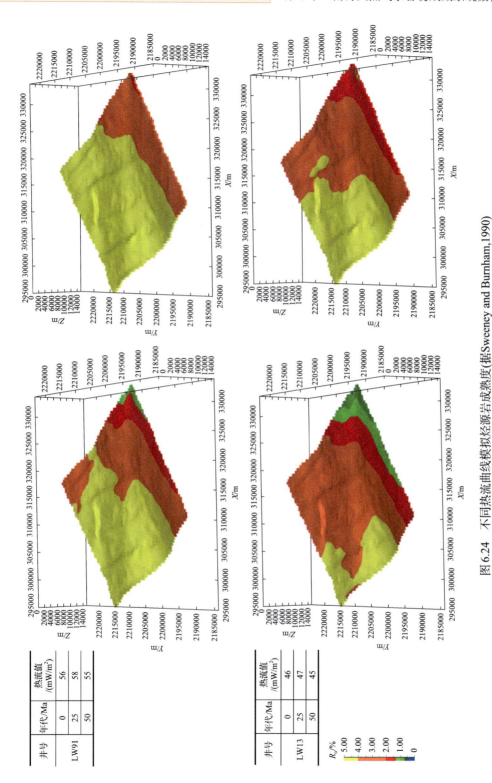

图 6.24 不同热流曲线模拟烃源岩成熟度(据Sweeney and Burnham,1990)

海域天然气水合物成藏系统分析

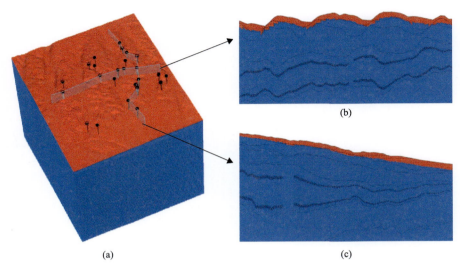

图 6.25 研究区天然气水合物稳定带模拟结果
(a)三维图；(b)东西向；(c)南北向

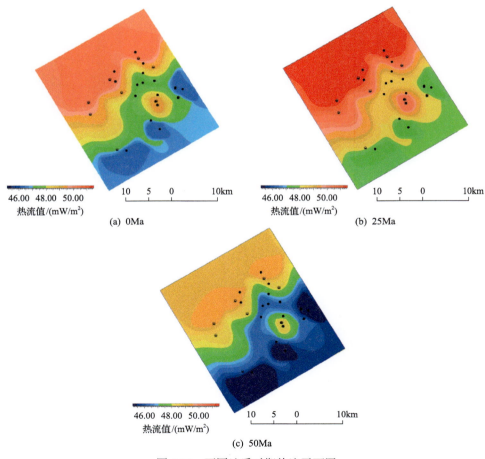

图 6.26 不同地质时期热流平面图

第 6 章　南海天然气水合物成藏系统数值模拟

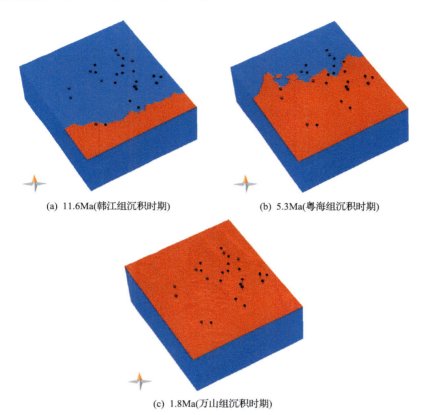

(a) 11.6Ma(韩江组沉积时期)　　(b) 5.3Ma(粤海组沉积时期)

(c) 1.8Ma(万山组沉积时期)

图 6.27　神狐海域天然气水合物稳定带平面分布范围演化图

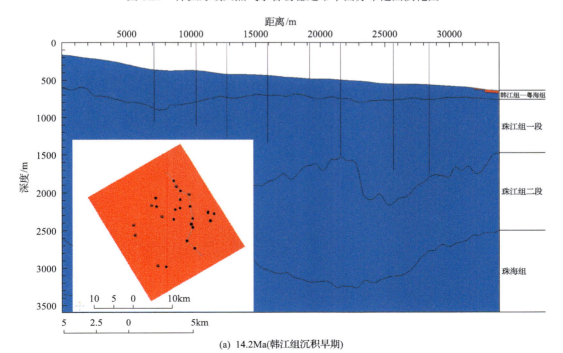

(a) 14.2Ma(韩江组沉积早期)

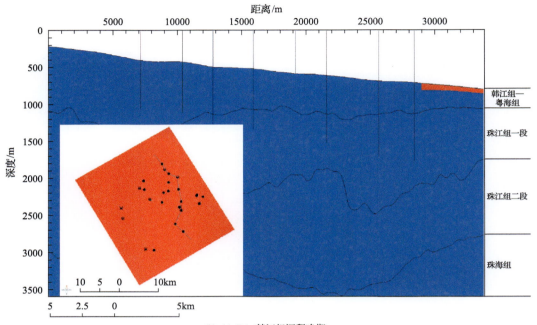

(b) 11.6Ma(韩江组沉积晚期)

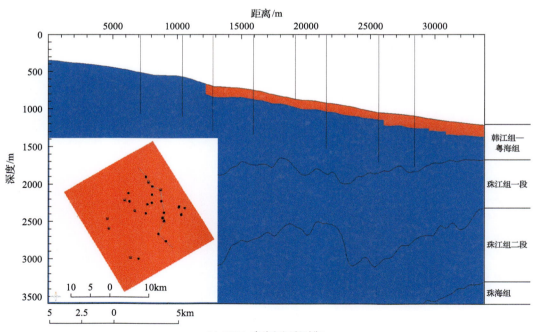

(c) 5.3Ma(粤海组沉积时期)

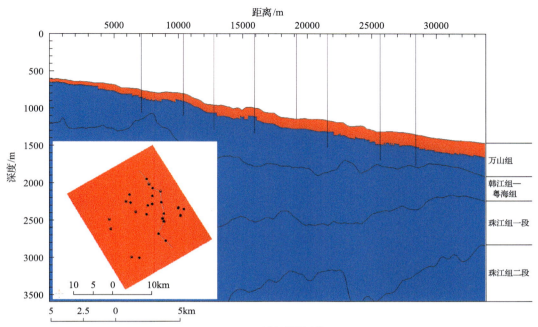

(d) 1.8Ma(万山组沉积时期)

图 6.28 过典型井天然气水合物稳定带剖面演化图(平面图连井线指示剖面位置)

(2)天然气水合物聚集量计算。

在烃源岩生烃和油气运聚模拟的基础上,结合天然气水合物稳定带成果,可以对天然气水合物的聚集进行模拟。鉴于天然气水合物的特殊性,其厚度相对较小,因此对于常规含油气系统模型,需要对潜在的天然气水合物聚集层段进行细分(图 6.29),才能准确地模拟天然气水合物的聚集,计算天然气水合物的资源量。

年龄/Ma	地层	-	深度	剥蚀	层段	-	事件类型	相图	地层编号
0.0000	琼海组1段		T0		琼海组1段		沉积	Siltstone3_Q_sourcemap	20
0.3000	琼海组2段		T10		琼海组2段		沉积	Siltstone2_Q_sourcemap	20
1.8000	万山组		T20		万山组		沉积	Siltstone2_Q_sourcemap	20
5.3000	粤海组		T30		粤海组		沉积	Yuehai_source	7
11.6000	韩江组1段		T32		韩江组1段		沉积	Hanjiang_source	5
14.2000	韩江组2段		T35		韩江组2段		沉积	Hanjiang_source	5
16.0000	珠江组1段		T40		珠江组1段		沉积	Shale	7
18.5000	珠江组2段		T50		珠江组2段		沉积	Sandstone	2
23.0000	珠海组		T60		珠海组		沉积	Sandstone	6
28.4000	恩平组		T70		恩平组		沉积	Shale	7
33.9000	文昌组		T80		文昌组		沉积	Sandstone	15
48.6000	神狐组顶部		T90		神狐组		沉积	Sandstone	7
65.5000	神狐组底部		Tg						

图 6.29 天然气水合物聚集层段细分

①天然气水合物聚集演化史。

在模型细化的基础上,同时开展温压、天然气水合物稳定带、生烃、运移和聚集(常规油气与天然气水合物)的模拟,得到天然气水合物聚集演化历史。天然气水合物的形成由温压带演化和气运移两方面因素控制。11.6Ma 韩江组沉积晚期，天然气水合物开始在中部地区形成（图 6.30）。

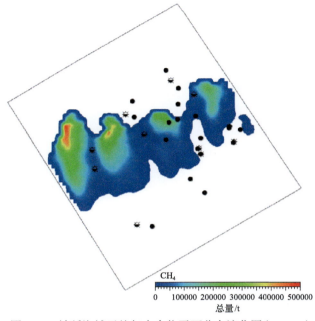

图 6.30　神狐海域天然气水合物平面分布演化图（11.6Ma）

5.3Ma 粤海组沉积时期，中部地区天然气水合物范围变小，向北迁移，在南部地区呈零星分布（图 6.31）。

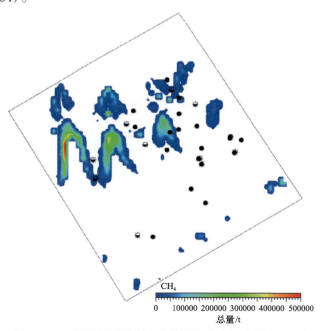

图 6.31　神狐海域天然气水合物平面分布演化图（5.3Ma）

1.8Ma 万山组沉积时期，北部三个构造脊均有天然气水合物形成，东部地区在北部和东南部形成两片天然气水合物发育区(图6.32)。

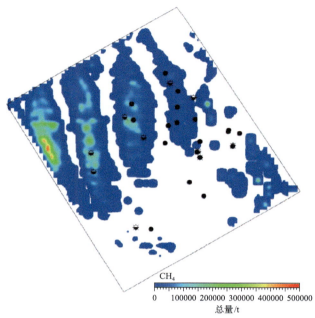

图6.32 神狐海域天然气水合物平面分布演化图(1.8Ma)

现今天然气水合物分布范围，除构造脊间沟外，大部分地区均发育天然气水合物，中部和东部天然气水合物量大(图6.33)。

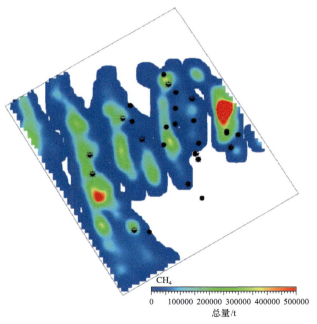

图6.33 神狐海域天然气水合物平面分布演化图(0Ma)

②天然气水合物资源量及其气体来源。

在天然气水合物形成演化的基础上,可以计算天然气水合物中甲烷资源量,模拟现今天然气水合物中甲烷资源量为1.6亿t,折算地表甲烷资源量为2116亿m^3(图6.34)。

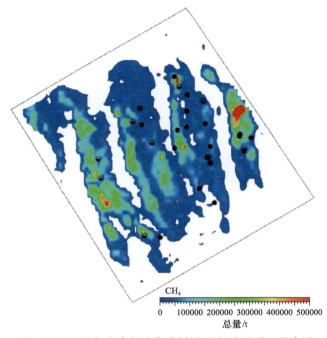

图6.34 天然气水合物聚集成果图-甲烷含量平面叠合图

由于在模型烃源岩定义时,分别定义浅层微生物成因气和深层热成因气,并区分恩平组烃源岩和文昌组烃源岩生成的甲烷。这样模拟完后,就可以得到浅层甲烷来源及比例。模拟表明,万山组地层水中甲烷含量来源于浅层微生物成因气的比例为94.93%,恩平组气为4.23%,而文昌组气仅0.84%。琼海组地层水中甲烷来源于浅层微生物成因气的比例为92.15%,恩平组气为6.90%,而文昌组气为0.95%,说明天然气水合物气源主要来自浅层微生物成因气。平面上可以展示每个模型单元格的气源($0.1km^2$),从图6.35可以看出,大部分天然气水合物中的甲烷来自浅层微生物成因气源,仅东南部地区天然气水合物中甲烷少部分(3%)主要来自深层热成因气,热成因气以恩平组来源为主,其次为文昌组。

分析神狐海域先导试验区天然气水合物气源需要结合稳定带的形成时间和气的主要运聚时期。从天然气水合物稳定带演化可知,稳定带形成于14Ma之后,至5.3Ma由南向北推进至中部地区,1.8Ma万山组沉积时期遍布全区。而深层热成因烃源岩文昌组在5.3Ma生烃基本结束,恩平组烃源岩在1.8Ma也基本结束。深层热成因气的主要运聚期与浅层天然气水合物稳定带的形成时间不匹配,这是现今天然气水合物中甲烷主要气源为浅层微生物成因气的主要原因之一。虽然有断层和泥底辟构造作为天然气垂向运移通道,但大部分运移上来的气或在浅层聚集成常规气藏,或运移至海底逸散。恩平组深层烃源岩虽然生烃接近末期,但其构造西低东高,晚期生成的气横向运移至东部,沿东南部泥底辟运移通道运移至浅层,再沿地层由南向北,横向运移,与浅层微生物成因气一起形成天然气水合物。浅层微生物成因气的生烃高峰与稳定带的形成时间匹配得较好,成为天然气水合物的主要气源。

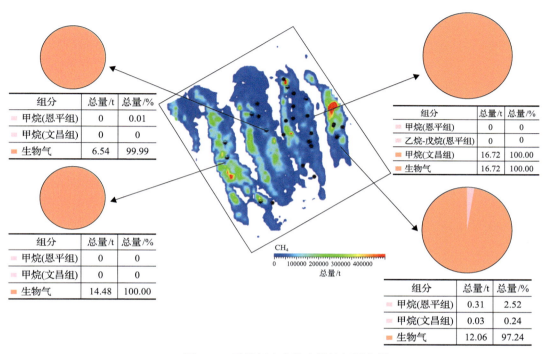

图 6.35　天然气水合物中甲烷气源分析

6.3.2　东沙海域天然气水合物成藏系统二维数值模拟

东沙海域天然气水合物研究区位于华南大陆边缘,发育以加里东、燕山期褶皱为基底的新生代含油气盆地,新生代沉积地层厚度较大,具有微生物成因气和热成因天然气形成的条件和良好的远景,丰富的天然气为天然气水合物资源形成提供了充足的物质基础。东沙研究区是南海迄今为止发现的沉积速率最高的地区,1.05Ma 以来沉积速率高达 49cm/ka,与已发现天然气水合物的布莱克海台的沉积速率大致相当,甚至更高。浅表层沉积物岩性主要为粉砂质黏土和黏土质粉砂,富含钙质和硅质生物碎屑,有机碳含量较高,一般大于 0.5%。据 ODP184 航次钻探成果,在 1144、1146 等多个站位发现生物成因气和热成因气的富集。在地震解释剖面上,东沙海域 BSR 主要发育在水深 300～3500m 的上中新统以上的沉积层中。其沉积速率高达 40～50cm/ka,有利含砂率区间为 35%～50%。

1. 研究区背景

东沙海域研究区天然气水合物远景区主要位于台西南盆地和东沙隆起区。其中东沙隆起区位于研究区西部,北东走向,呈北窄南宽的条带状分布,其北部与珠一拗陷相接,西南与珠二拗陷相接，东部和东南部以大断层为界与台西南盆地相接。在隆起区上，新生代厚度较薄，一般为 100～500m。新生代除中晚渐新世接受沉积外，长期处于隆起位置。台西南盆地则位于研究区东部，其西北部以大断层为界与东沙隆起为邻，区内沉积厚度大部分在 2000m 以上，岩浆活动较强烈，大部分岩浆作用受控于断层发育情况，与断层相伴分布，构造走向以北东向为主，局部为北西向和北北东向。台西南盆地包括东沙东拗陷、潮汕拗陷和东沙东隆起三个二级构造单元。其中，东沙东拗陷新生代沉积厚度最大，平均达 3000m 以上。沉积区域内等深流、三角洲、浊积扇、扇三角洲、滑塌沉积等特征沉积体系发育。这些沉积体规模巨大、沉积速率高，一般是突发事件的产物，因此对天然气水合物富集十分有利。综合分析，东沙海域具备天然气水合物形成的温压条件、气源条件和地质条件。

2. 地质模型建立与模拟参数选取

本次研究采用的 PetroMod 盆地模拟软件是德国石油研究院研制的目前在国际上比较流行的商业模拟软件。该模拟软件系统是以地震资料解释成果和岩石物性参数为基础地质模型，结合地层压力、温度、有机地球化学等其他参数，应用完全综合的三相/气扩散模型，在二维剖面或三维空间内正演模拟沉积物的埋藏、有机质的热演化、生烃以及油气运移、聚集等一系列过程。在模拟计算过程中，还充分考虑了流体活动对地层温度场的影响、地层对烃类的吸附作用、地层异常压力、放射性热源等地质作用，并提供了断层属性和封堵性的定义。最终通过一系列复杂的模拟计算过程，研究地质历史时期内地层温度场、压力场、有机质的热演化、油气排出及运移的路径和指向以及可能的油气运聚区带等。其中，地层压力的演化基于两个假设：①岩石和孔隙流体在压缩和变形过程中保持质量平衡；②压实过程中，流体排出极其缓慢，能够以达西流法则来描述牛顿流。热史恢复则采用地球热力学和地球化学结合方法，即将正演技术与反演技术，地史恢复与热史恢复结合起来，利用已知的地层信息和古温标资料作为约束条件，对研究区的热演化史进行模拟。有机成熟度的计算采用 Sweeney 和 Burnham(1990) 提出的 EASY%R_o 模型，它是目前用于成熟度计算最为完善的一种模型，它不仅考虑了众多一级平行化学反应及其相应反应的活化能，还考虑了加热速率，适用范围广，能比较精确地模拟地质过程中有机质成熟度演化。

1) 地质模型建立

东沙海域天然气水合物地质模拟模型分别选取东沙隆起区 BSR 分布区域的地震测线 DS-A 和台西南盆地 BSR 分布区的地震测线 DS-B。根据广州海洋地质调查局解释结果与 ODP184 航次的钻探资料，本节模拟中新生代各地质年代包括上新世与中新世的分界(T_2)、晚中新世与中中新世分界(T_3)、中新世与渐新世分界(T_5)、渐新世与晚始新世分界(T_6)和始新世与古新世分界(T_7)。根据时间域地震原始解释剖面，通过时深转换，分别得到对应的深度域模拟地质模型(图 6.36、图 6.37)。

2) 模型参数选取

模拟结果的可靠性不仅取决于准确的地质模型，更取决于模拟参数接近客观地质条

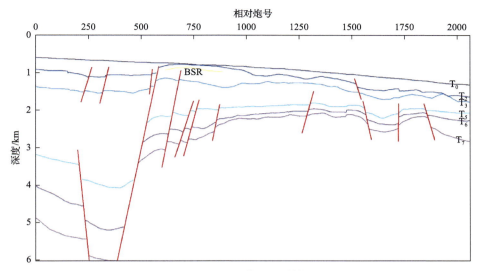

图 6.36 DS-A 模拟地质模型

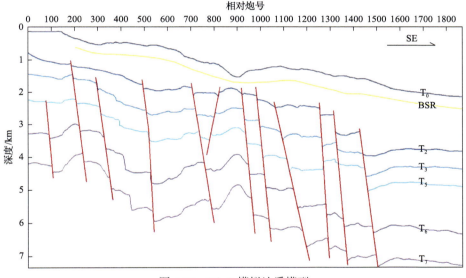

图 6.37 DS-B 模拟地质模型

件的程度。模拟过程需要岩石性质、地质界面、烃源岩有机地球化学和地层构造四类参数，这些参数的正确选取直接关系模拟结果的可信度。在参数选取的过程中，尽量保证各种参数与研究区的实际情况一致。

对本次模型参数的选取，综合借鉴了研究区各方面的研究成果。其中，岩性参数主要是根据 ODP184 航次站位 1148 站位钻孔的岩性资料来确定。古水深的取值根据 ODP184 航次的古生物资料结合该区域的沉积相研究确定。古热流的取值根据袁玉松等（2009）对南海北部新生代热演化的研究成果，古地温参数则由 IES 系统根据测线剖面所在的全球位置和纬度，利用全球平均地表温度窗口以及古水深变化计算不同时期的温度曲线。烃源岩地球化学参数来源于何家雄等（2008，2009）的研究成果。而断层活动性的分析主要是基于断层在地震剖面上断过的层位以及研究区构造活动的时间来判断和估算，本次模拟研究中，断层根据其活动期次划分为始新世中期神狐运动及之前形成的活动断层，中中新世东沙运动形成的活动断层以及上新世以后的活动断层，对剖面经过的每一条断层均进行了属性定义。在模拟过程中，断层活动性均设为开启状态。

3. 模拟结果分析

1) 天然气水合物稳定带

天然气水合物热力学稳定带是指海底以下特定的区域，在该区域内的温度和压力处于天然气水合物形成的热力学稳定范围内。在这个范围内天然气与天然气水合物达到相平衡。海洋中影响天然气水合物稳定带的主要因素有水深、海底温度、地温梯度、天然气的组成和孔隙水盐度。其中最主要的因素是温度和压力条件。通过对天然气水合物相平衡的研究，并结合大量实验数据，可以确定天然气水合物形成的温度、压力条件，编制出在各种气体成分和孔隙水盐度情况下的天然气水合物的相图。

本节稳定带模拟设置海水环境孔隙水盐度为 3.5%，相应地温场、热流等参数根据调查区实际计算成果设置，从模拟出来的东沙隆起区 DS-A（图 6.38）与台西南盆地 DS-B（图 6.39）稳定带范围可以看出：台西南盆地具有较好的天然气水合物发育的温压条件，天然气水合物稳定带范围较大，厚度介于 200~1000m，比东沙隆起区稳定带厚度薄，介于 150~300m，与之对应地震剖面解释的 BSR 分布全部位于天然气水合物形成的稳定带范围之内，从温压条件方面说明了 BSR 分布的可信性。

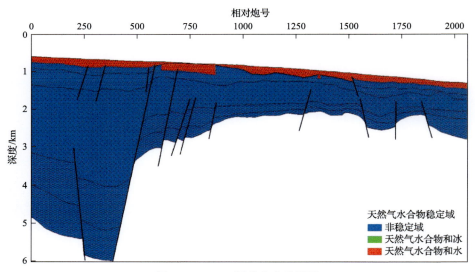

图 6.38　DS-A 测线稳定带模拟

2) 有机质演化

镜质组反射率 R_o 值是反映烃源岩成熟度的重要指标。通常，生物气的烃源岩应处于未熟—低成熟的生烃门限以下，其镜质组反射率 $R_o<0.7\%$，而热成因气的烃源岩属于产湿气阶段，其镜质组反射率 $R_o>1.3\%$。R_o 指数模拟结果显示：位于东沙海域东沙隆起区

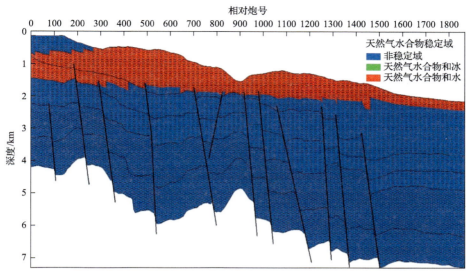

图 6.39　DS-B 测线稳定带模拟

的测线 DS-A 烃源岩现今热演化程度如图 6.40 所示，在测线东南端的隆起区，现今的有机质成熟度（R_o）均为未熟阶段，只能作为微生物成因气的气源岩，同时由于沉积厚度较薄，微生物成因气生气潜力有限，但是在靠近珠二凹陷的测线西北端，始新统大部分进入裂解气窗，R_o 最大值已经达到 3%，已经开始大量地生成热成因气。渐新统下段的有部分有机质成熟度达到裂解气窗，开始产湿气。热解生气潜力相对较大。因此，推测该区天然气水合物的气源主要来自邻近拗陷内的气体。位于台西南盆地的测线 DS-B 烃源岩热演化程度如图 6.41 所示，现今的 R_o 在凹陷处始新统最大值已经超过 3%，处于过成熟生干气阶段，已产生大量热成因气。渐新统在凹陷最深部位地层的部分有机质成熟度达到裂解湿气气窗，开始产气。但浅部层序海底之下 3000m 以内的沉积层中 $R_o<0.7\%$，

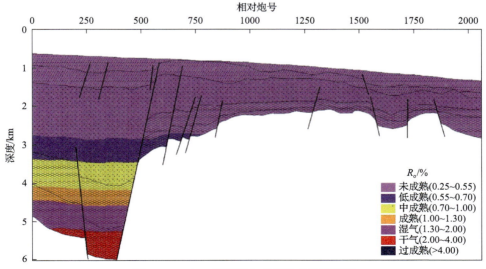

图 6.40　DS-A 测线现今有机质成熟度模拟

海域天然气水合物成藏系统分析

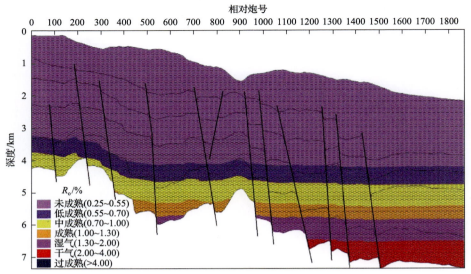

图 6.41　DS-B 测线现今有机质成熟度模拟

均为未成熟—低成熟阶段，这几套层序可以成为天然气水合物成藏的良好生物成因气的烃源岩，中新世中期以来，这些地层中有机质主要以生物成因气为主，是区内主要的天然气水合物成藏气体来源。

3）烃气运移

测线 DS-A 位于东沙海域研究区的东沙隆起区。其西北部以大断层为界与东沙隆起为邻，构造走向以北东向为主。剖面 BSR 主要位于左侧大断裂处，深部气源供应主要是始新统与渐新统，其中始新统大约从中新世中期开始达到裂解气窗。渐新统大约从晚中新世开始达到裂解气窗。从油气运移模拟结果看出（图 6.42）：由于存在比较大的断裂将凹陷深部气源与浅层连通，热成因气能够垂向运移至与主干断裂相连的隆起带稳定带内，

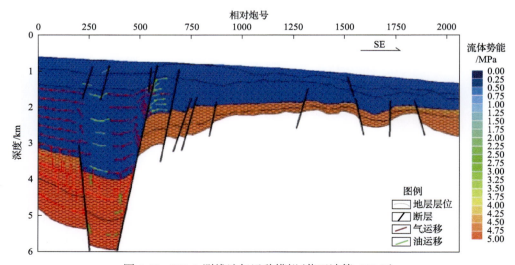

图 6.42　DS-A 测线油气运移模拟（苏丕波等，2014b）

给天然气水合物成藏提供热成因气源。

测线 DS-B 位于东沙海域研究区的主体构造区域台西南盆地。剖面断层非常发育，构造走向以北东向为主。剖面 BSR 与海底面大致平行至整个区域，深部气源供应主要是凹陷深部的始新统，大约从上新世开始达到裂解气窗。从剖面油气运移模拟结果来看（图 6.43），虽然该区域断裂比较发育，但是由于热演化程度不高，热成因气源有限，故热成因气对天然气水合物成藏贡献不大。天然气水合物成藏气体主要通过浅部至中中新世以来产生的微生物成因气自盆地中心至盆地边缘的侧向运移而来。

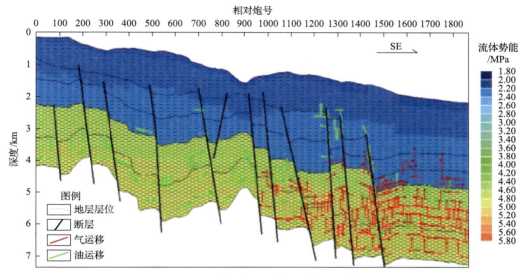

图 6.43　DS-B 测线油气运移模拟(苏丕波等, 2014b)

4. 讨论

天然气水合物成藏是一个复杂的过程。其成藏系统包括烃类生成体系、流体运移体系、成藏富集体系，它们彼此之间在时间和空间上的有效匹配将共同决定着天然气水合物的成藏特征。充足的气源是天然气水合物富集的必要条件，目前形成天然气水合物的两种主要气源来自深部热成因气与浅层微生物成因气。通过上面的分析可知，东沙海域天然气水合物 BSR 带分别处在两个不同的构造区域上。依据这两种不同的构造区域，分别构建其天然气水合物成藏模式。

第一种是发育于东沙隆起区的天然气水合物成藏模式，该模式认为东沙隆起区新生代厚度较薄，沉积物有机质有限，所生成的微生物成因气不足以聚集成藏。天然气水合物成藏气体主要由来自邻近凹陷区的深部热成因气供应。这些深源热成因气以沟通深部始新统与渐新统的热成因气大断裂为运移通道，通过这些大断裂垂向运移至隆起区边缘天然气水合物稳定带内成藏(图 6.44)。

位于台西南盆地的测线 DS-B 剖面的天然气水合物成藏代表该区域另外一种成藏模式。根据广州海洋地质调查局的研究成果，该区 BSR 主要分布的含砂率区间为 40%～80%(梁金强和沙志彬, 2004)。含砂率越大，储集空间越大，孔隙水也越多，对流体的运

海域天然气水合物成藏系统分析

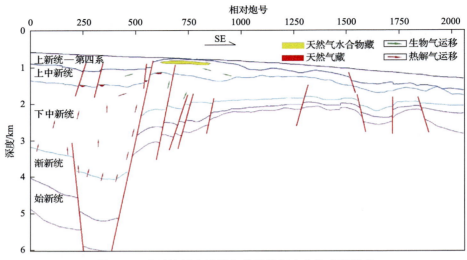

图 6.44 东沙海域东沙隆起带天然气水合物成藏模式

移也比较有利，加之该区中深部断裂比较发育，烃气产生后首先沿着断裂区运移，随着天然气沿断层向上运移并遇到孔隙度相对较大、可渗透的砂岩层时，其中一部分气体沿这些砂岩层继续向上运移，当深部运移中的热成因天然气运移至微生物成因气源区时与微生物成因的天然气发生混合并储集于构造或地层圈闭中，不断生气必然导致气压的改变，在流体势的作用下，使这些被圈闭的气体继续向上运移，在进入特定的温压带后转变为天然气水合物，然后形成了自己的圈闭。由于该区域深部热成因气源岩热演化程度相对较低，热成因气源有限，该区天然气水合物藏主要的气源来自天然气水合物稳定带下伏微生物成因气源岩产生的微生物成因气。这些微生物成因气主要通过发育的断裂垂向和侧向运聚至稳定带成藏(图 6.45)。

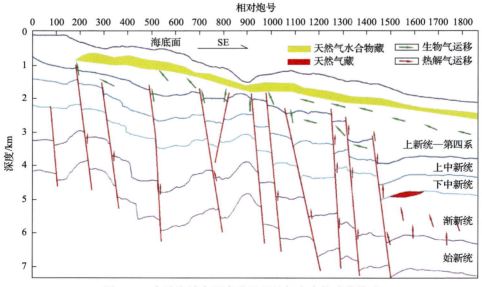

图 6.45 东沙海域台西南盆地天然气水合物成藏模式

6.3.3 琼东南海域天然气水合物成藏系统二维数值模拟

琼东南区域的天然气水合物研究主要集中在以下几个方面。

(1) 天然气水合物热力学稳定带厚度计算。生物成因甲烷和热成因甲烷天然气水合物形成的水深门阈值分别为600m和450m，稳定带厚度最大分别可达310m和410m。

(2) 天然气水合物地球物理标志的识别。在地震剖面识别出来的BSR、波形极性反转、振幅空白带及速度异常都指示天然气水合物存在的可能性，此外地震剖面上还识别出众多与流体运移或渗漏有关的泥底辟和气烟囱。

(3) 浅表层重力活塞取样的地球化学分析。琼东南盆地中部的硫酸盐-甲烷界面(SMI)深度较浅(6~7m)，硫酸盐通量较高[59.5×10^{-4} mmol/(cm^2·a)]，这很可能与下部甲烷逸散和天然气水合物在形成过程中排出高盐流体等活动有关。

如上所述，目前针对琼东南盆地天然气水合物的研究方法主要为地球物理和地球化学方法，而缺乏系统的天然气水合物成藏模式研究。天然气水合物的富集成藏应综合考虑烃类气体的生成和运移、岩层和构造条件，以及浅层的温压场条件。前人研究表明，基于回剥法的天然气水合物盆地模拟研究能够很好地重建盆地构造沉降史、有机质热成熟史、流体动力场演化史以及地层温压场演化过程。笔者选取琼东南海域西部相交的、有明显BSR特征的主测线和联络测线各一条，构建了各测线的地质模型。在恢复其埋藏史及热演化史的基础上模拟地质模型有机质成熟度，并对天然气水合物成藏匹配条件进行了研究分析。

1. 概况

琼东南盆地位于南海西北大陆边缘，东北为神狐隆起，西靠莺歌海盆地，北邻海南隆起，南接永乐隆起，总面积达3.8万km^2。盆地发育于加里东、燕山期褶皱基底之上，为新生代陆缘拉张型含油气盆地。盆地呈NE走向，由一系列NE向和NEE向拗陷和隆起分隔成"拗隆"相间的构造格局。琼东南盆地天然气水合物研究区内自北向南分别为中央拗陷带、中央隆起带(北礁凸起)、南部断阶带和南部隆起区(图6.46)。

根据广州海洋地质调查局2005年度的调查成果，琼东南海域天然气水合物研究区新生代地层从老到新依次发育始新统岭头组，渐新统崖城组和陵水组，中新统三亚组、梅山组和黄流组，上新统莺歌海组和更新统乐东组，其界面分别为T_7、T_6、T_5、T_3、T_2和T_1(表6.2)。

现有的资料表明，琼东南海域具备天然气水合物形成的基本要素：①研究区水深超过500m，最深可达3200m；②虽然盆地内部具有高地温、高地温梯度的特点，但特定水深条件下天然气水合物稳定带仍具有一定的厚度；③盆地内部甲烷供给充分，现有的钻井资料表明，琼东南盆地含有丰富的生物成因气源和热成因气源。其中，生物气主要赋存于深度在2300m以内的上新统莺歌海组—第四系海相粉砂-细砂岩或泥质粉砂岩中，且以甲烷占绝对优势；而热成因气多分布于3500m以上深度的中新统三亚组—梅山组和渐新统崖城组。

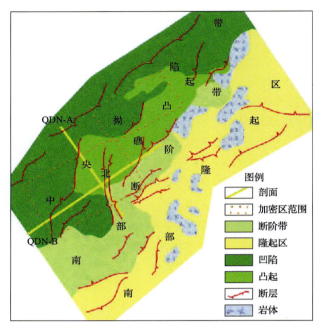

图 6.46　研究测线位置图

表 6.2　琼东南研究区地震地层划分表

地层			层序		地震反射界面
系	统	组	年龄/Ma	代号	
第四系			— 1.806 —	A	T_1
新近系	上新统	莺歌海组	— 5.332 —	B	T_2
	中新统	黄流组	— 11.61 —	C	T_3
		梅山组	— 15.97 —	D	
		三亚组	— 23.03 —		T_5
古近系	渐新统	陵水组	— 28.44 —	E	
		崖城组	— 33 —		T_6
	始新统	岭头组	— 55 —	F	T_7

2. 地质-数学模型与模拟参数

1) 地质模型

本节研究选取了琼东南盆地西部相交、有明显 BSR 特征的主测线和联络测线各一条，根据时间域地震原始解释剖面，通过时深转换，分别得到对应的深度域模拟地质模型（图 6.47）。

2) 模拟数学模型

针对天然气水合物的盆地模拟工作重点关注盆地的温压场及天然气水合物稳定带演化史、有机质成熟度演化史，以及油气运移演化等，涉及沉积地层埋藏史数学模型、热

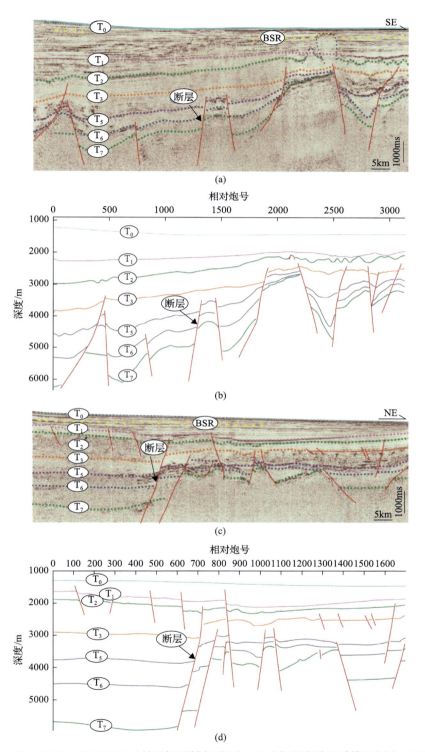

图 6.47　QDN-A 和 QDN-B 时间域地震剖面[(a)、(c)]与深度域地质模型[(b)、(d)]

演化史数学模型、有机质成熟史数学模型等。

沉积地层埋藏史旨在恢复地层古厚度，再现盆地的沉积发育过程，为热史、生烃史、排烃史和运聚史提供时空模拟范围和有关参数。本节研究使用的 PetroMod 盆地模拟软件采用回剥技术来研究沉积盆地埋藏演化史，其中涉及地层压实校正模型和不整合处理模型。

热演化史旨在重建含油气盆地的古热流史和古温度史，并为以后的生烃史、排烃史和运聚史提供温度场，在成岩、成烃演化过程中起着重要作用。针对热演化史，本节研究中采用的是地球热力学和地球化学动力学相结合的反演方法，即从盆地现今的热流或地温资料出发，反推古热流史和古地温史，并用实测的镜质组反射率来检验。本节中以镜质组反射率(R_o)作为烃源岩成熟度的指标，采用"EASY%R_o 模型"计算有机质成熟度。

3) 模拟参数

盆地模拟工作需要的参数主要包括岩性参数、地质界面参数、烃源岩有机地球化学参数和地质构造参数等。

(1) 岩性参数。

岩性参数主要为砂泥比，参考张云帆等(2008)对琼东南盆地新生代沉降特征的研究(表 6.3)。

表 6.3 研究区各层序砂泥比

地震反射界面	层序	砂岩/%	泥岩/%	总计/%
T_1—T_0	A	14	86	100
T_2—T_1	B	16	84	100
T_3—T_2	C	24	76	100
T_5—T_3	D	30	70	100
T_6—T_5	E	38	62	100
T_7—T_6	F	30	70	100

(2) 地质界面参数。

现今水深依据地震解释剖面可以精确获得，古水深的取值则根据区域相对海平面的变化，同时在剖面不同位置内插相应的水深值。根据广州海洋地质调查局的调查结果，琼东南天然气水合物研究区热流整体呈北西向展布，热流为 60~117mW/m^2，平均热流为 77.3mW/m^2，古热流的取值参考袁玉松等(2009)对南海北部新生代热演化的研究成果。海底温度的取值参考南海海底温度与水深的关系，古地温参数则由 IES 系统根据测线剖面所在的全球位置和纬度，利用全球平均地表温度窗口以及古水深变化计算不同时期的温度曲线。

(3) 烃源岩有机地球化学参数。

盆地烃源岩发育特征分析表明，琼东南盆地新生代地层发育多套烃源岩：始新统、渐新统崖城组和陵水组、中新统三亚组和梅山组。古近纪是盆地最主要的烃源岩发育时期，主要发育湖泊—滨海沼泽相或半封闭浅海相烃源岩；新近纪主要发育海相烃源岩，为盆地内次级的生烃层系；中新统三亚组和梅山组是盆地海相烃源岩的主要发育地层，而莺黄组中的泥岩地层同样也具备生成油气的基本条件。本节模拟的主力热解气源岩主要为始新统及渐新统。根据前人对该区域烃源岩研究所获得的热演化参数，该区域始新统 TOC 平均值约为 1.5%，HI 约为 200mg/g；渐新统 TOC 约为 1.0%，HI 约为 150mg/g。

(4) 地质构造参数。

本节模拟研究中，断层根据其活动期次划分为始新世中期神狐运动及之前形成的活动断层、中中新世东沙运动形成的活动断层以及上新世以后的活动断层。对剖面经过的每一条断层均进行了属性定义。在模拟过程中，断层活动性均设为开启状态。

3. 模拟结果分析

1) 温度-压力场及天然气水合物稳定带模拟

通过模拟得到剖面 QDN-A 和剖面 QDN-B 现今的温度-压力场，以及天然气水合物稳定带范围(图 6.48)。通常情况下，水深超过 300m 的海底都满足天然气水合物成藏所

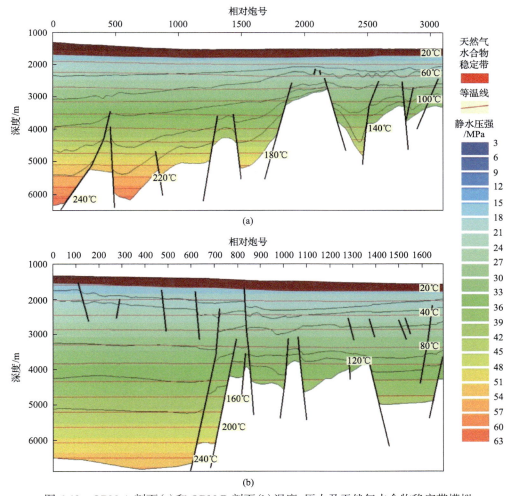

图 6.48　QDN-A 剖面(a)和 QDN-B 剖面(b)温度-压力及天然气水合物稳定带模拟

需要的温度和压力条件。研究区海底温度为 2~5℃，水深超过 1000m，完全满足天然气水合物形成所需的温度和压力条件。在剖面上 BSR 处温度约为 16℃，压力约 15MPa。对比世界上已知天然气水合物区，结合天然气水合物相平衡曲线表明，测线上 BSR 代表天然气水合物稳定带底界，稳定带厚度为 220~340m。

2) 有机质成熟度演化及流体运移分析

通常，微生物成因气的烃源岩应处于未成熟—低成熟阶段，其 R_o<0.7%；当 R_o>1%时，烃源岩开始大量产生热成因气。新生代烃源岩的热成熟度主要取决于地温：区域内热流值变化较大时，在热流较高的地区，埋藏较浅就可成熟；而热流较小的地区，要埋藏较深才能成熟。当热流值变化较小时，埋藏较深的烃源岩成熟时间早，埋藏浅的成熟时间晚。

位于琼东南西南端的测线 QDN-A 最深凹陷处现今的有机质成熟度(R_o)最大值已经超过 3.5%[图 6.49(a)]，进入大量生气阶段。测线凹陷部位的始新统有机质的演化程度

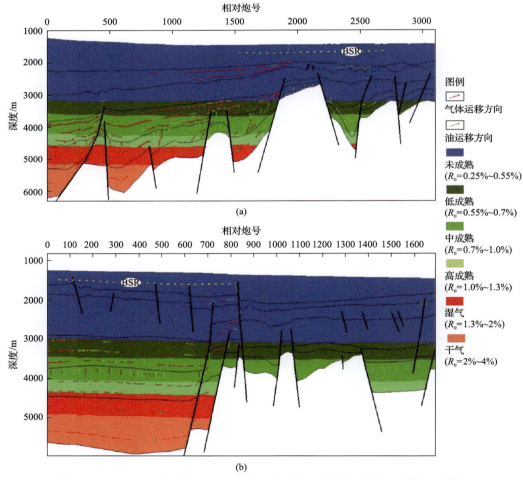

图 6.49　QDN-A 剖面(a)、QDN-B 剖面(b)有机质成熟度演化及流体运移模拟

普遍较高，大部分进入产干气阶段，已经产生大量的热成因气。渐新统大部分有机质的演化程度也较高，现今大部分处于裂解气窗；大部分 R_o 介于 1.3%～2%，处于生湿气阶段。浅部层序 A、B、C 的部分 $R_o<0.6\%$，均未进入生油门限。结合研究区沉积条件认为，这几套层序可以成为天然气水合物成藏的良好生物成因气的烃源岩。由于其厚度大，泥岩及有机质含量高，热成熟度低，在合适的条件下，能够为天然气水合物成藏提供大量的微生物成因气气源。

位于琼东南盆地西侧边缘的 QDN-B 气源岩发育条件与 QDN-A 相差不大[图 6.49(b)]。两条剖面的凹陷处热解烃源岩生气潜力较大，浅部 3000m 以内 $R_o<0.6\%$，均能在合适地质条件下成为微生物成因气的气源岩。

3) 成藏模式分析

QDN-A 位于琼东南海域天然气水合物研究区的西南端，剖面南端为南部隆起带，发育有浅部断裂。上覆下中新统以下地层沉积较薄，剖面北端上中新统以上的地层构造简单，之下断裂比较发育。北端凹陷中心点的生烃史演化表明，深部始新统大约在晚中新世时期达到裂解气窗，渐新统大约在上新世初期达到裂解气窗[图 6.50(a)]。从剖面油气运移[图 6.49(a)]可以看出，测线南端隆起带热解烃源岩基本对天然气水合物成藏贡献不大，北部凹陷区热解烃源岩生气潜力较大，且断裂比较发育，沟通了深部气源的通道，部分热成因气上移至浅部天然气水合物稳定带，对天然气水合物成藏具有一定的贡献。

从浅层的流体活动演化过程看到[图 6.49(a)]，剖面两端流体活动性较强，特别是北端，由于浅层地层较厚可能发育大量的微生物成因气，而剖面 BSR 处，从中新世沉积末期到上新世沉积末期，下方的流体活动方向不变，强度逐步减弱，从上新世沉积末期到第四纪沉积末期，流体活动方向不变，而强度逐步增强。然而，由于浅层地层较薄总体流体强度一直较弱，表明浅部通量较小，由此推测该处天然气水合物带微生物成因气源对其贡献较小。

剖面 QDN-B 位于盆地的西侧边缘，横跨盆地中央拗陷带与南部断阶带，剖面呈 NE-SW 走向。热沉降后期琼东南盆地中部的构造活动较弱，断层很不发育，表现为该测线右侧深部断层较发育，而浅部断层较少。剖面 BSR 主要位于左侧，即盆地的西北侧。从凹陷中心点的生烃史演化可以看出[图 6.50(b)]，深部气源供应主要是始新世，大约从晚中新世开始达到裂解气窗。BSR 右端位于中央拗陷带与南部断阶带的交界处，下段存在比较大的断裂，将凹陷深部气源与浅层连通，部分热成因气运移至稳定带附近，该处热成因气源作出重要贡献。BSR 左端深部断裂不发育，但是浅层断裂比较发育，热成因气来源较少，天然气水合物主要来源很可能由天然气水合物带下伏岩层的微生物成因气侧向运移汇聚所致[图 6.49(b)]。

浅层流体场的演化表明了该处流体运移方向从中新世沉积末期至第四纪一直未变，但是强度逐步增强，而微生物成因气的主要活动期为从上新世末期到第四纪沉积末期。根据有机质成熟度的演化，这段时期浅部从中中新统往上，其成熟度均满足微生物成因气源岩生气的窗口,能够为天然气水合物形成提供条件。

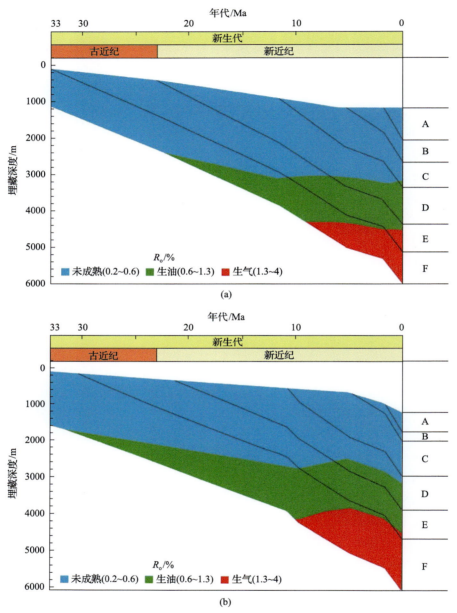

图 6.50　QDN-A 剖面(a)、QDN-B 剖面(b)生烃演化史模拟(据 Sweeney and Burnham, 1990)

4. 讨论

琼东南研究区的断裂构造较为发育。晚中新世以来断层均为正断层;深部断层断距较大,浅部断层断距较小。平面上,多数断层集中分布在隆起和拗陷的分界处;垂向上,大部分断层都是从基底断起。测线 QDN-A 位于研究区的西南端,中央拗陷带中新统以上几乎没有断裂发育，剖面南端隆起带发育有浅层小断裂，中新统以下断层发育较多，且断距很大，大多属于同沉积断层。由于同向正断层具有较强的流体纵向及侧向输导能力，深洼区的油气沿砂岩输导层向构造高部位发生侧向运移，在断距较大的同向正断层控制的断块区或沉积相变带聚集成气藏。同时，这些深源高成熟气体持续以断裂为主要运移通道或随超压孔隙流体向上运移，这些气体运移至浅部与浅部生物成因气混合在一起，在合适的温压域内形成天然气水合物藏，根据气源发育条件及运移方式模拟结果，剖面隆起部分以热解气源为主，拗陷带则以微生物成因气源为主(图 6.51)。

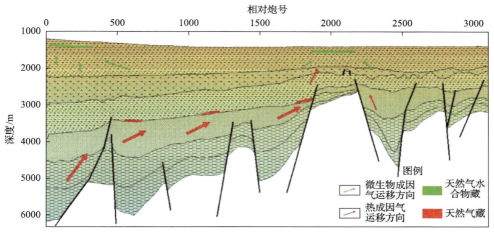

图 6.51　琼东南凸起断阶带天然气水合物侧向运聚成藏模式

测线 QDN-B 位于盆地的西侧边缘，横跨盆地中央拗陷带与南部断阶带的交界，剖面呈 NE-SW 走向。该测线上深部断层比较发育，而且有两条大尺度断层贯穿了深部烃源岩与浅层天然气水合物稳定带，正好位于 BSR 标志之下，构成了深部热成因气向上运移的条件。此处天然气水合物供应可能有深源热成因气的贡献，大尺度断层右侧剖面 BSR 下面未有明显的构造断裂，缺乏深源气体的运移通道，推测此处形成天然气水合物的气源由浅部的生物成因气贡献。大尺度断层左侧剖面浅层断裂比较发育，且深源气体发育，在流体势能的控制下，天然气水合物稳定带晚中新世以来的微生物成因气及深源热成因气可能对天然气水合物成藏有较大贡献(图 6.52)。

针对天然气水合物成藏的盆地模拟结果显示，琼东南海域初步具备天然气水合物富集成藏的温度-压力环境，浅部的微生物成因甲烷和深部热成因甲烷都可能为稳定带内天然气水合物的富集成藏提供气源条件，而浅部的中小尺度断层和沟通深部的大尺度断层均可为上述气源提供运移条件。琼东南盆地凸起断阶带和凹陷带两种不同构造环境分别创造了含气流体横向和垂向运移和聚集的条件，使得深部的热成因气体和浅部的微生物成因气体能够向天然气水合物稳定带内运移、聚集，并形成天然气水合物矿藏。天然气水合物横向和垂向运聚成藏模式构成了琼东南的主要成藏模式。

海域天然气水合物成藏系统分析

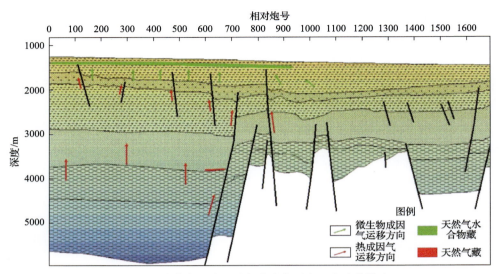

图 6.52　琼东南凹陷天然气水合物垂向运聚成藏模式

第 7 章 南海北部天然气水合物成藏系统分析

从 1999 年起，我国在南海北部陆坡开展了大量的天然气水合物调查研究工作，在南海获取了大量地质、地球物理和地球化学调查数据及岩心样品，系统发现了天然气水合物赋存的深层—浅层—表层的地球物理、地球化学、地质和生物等多信息异常标志。从 2007 年起，我国先后在南海北部海域实施多次天然气水合物钻探，在低渗透黏土质粉砂岩储层中获取了高饱和度扩散型天然气水合物，天然气水合物层厚度最大达 80m，最大饱和度达 75%。特别是 2013 年在东沙海域实施天然气水合物钻探，发现扩散型和渗漏型天然气水合物多层分布、复合成藏，并伴生冷泉发育。2015 年首次在琼东南海域发现"海马冷泉区"并在近海底粉砂岩中通过重力取样获取大量渗漏型天然气水合物样品。2018 年在琼东南海域通过钻探获取厚层渗漏型天然气水合物。2019 年首次在琼东南海域获取砂层天然气水合物。本章将结合大量勘查实践，介绍南部北部天然气水合物富集区成藏系统特征。

7.1 神狐海域天然气水合物成藏系统

7.1.1 概况

神狐海域位于南海北部陆坡中段，处于珠江口盆地深水区珠二拗陷白云凹陷富生烃凹陷背景之中。神狐海域水深为 1000～1700m，具有优越的天然气水合物成藏温压条件，也是目前整个南海天然气水合物勘探程度最高的区域，已开展大量的地质、地球物理及地球化学探测调查。在大量高分辨率二维和三维地震调查研究基础上，广州海洋地质调查局已在该海域实施了 GMGS1、GMGS3、GMGS4、GMGS5 等多个航次的天然气水合物钻探(图 7.1)，钻井 50 余口，获取了大量的天然气水合物实物样品并圈定了超千亿立方米级的天然气水合物矿藏。2017 年利用直井在神狐海域成功实施了天然气水合物试开采，获得平均日产 5151m^3，最大日产 3.5 万 m^3，60d 总产气量达 30.9 万 m^3 的天然气水合物开采记录(Li et al., 2018)。2020 年利用水平井在神狐海域成功实施了第二轮试采，持续产气 42d，累计产气 149.86 万 m^3，平均产量 3.57 万 m^3/d，创造了产气总量、日均产气量两项新的世界纪录。两次成功试采证实了神狐海域赋存有丰富的天然气水合物资源，拥有广阔的天然气水合物勘探开发前景。

2007 年 4 月至 6 月，我国首次在南海实施天然气水合物钻探航次 GMGS1，在神狐海域 3 个站位钻获高甲烷含量的扩散型天然气水合物实物样品，甲烷含量超过 99.7%(体积分数，下同)，饱和度 20%～48%，矿层厚 20～40m，具有甲烷含量高、饱和度高、厚度大、成片且呈均匀分布等特点。含天然气水合物样品气体组分及同位素分析表明，钻探区天然气水合物富集层位气体主要为甲烷，甲烷含量介于 62.11%～99.89%，平均含量达到 98.1%。气体 $\delta^{13}C$ 范围为 –62.2‰～–54.1‰，δD 范围为 –225‰～–180‰。天然气水合物的烃类气体主要是微生物通过 CO_2 还原的形式生成的甲烷气。2015 年 6 月至 9 月，实施 GMGS3，在

海域天然气水合物成藏系统分析

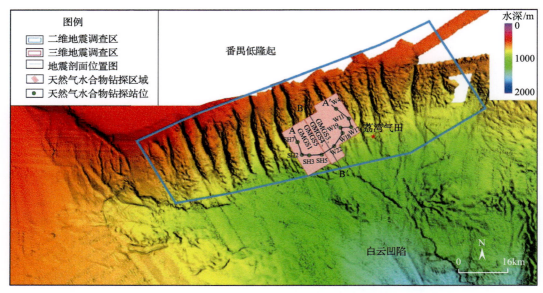

图7.1 南海北部神狐海域天然气水合物富集区勘探程度图

神狐海域19个随钻站位实施钻探,均发现天然气水合物存在测井标志,对其中5口井进行取心,在每口井均发现了天然气水合物,局部天然气水合物饱和度达64%,分析认为储层可能为富含有孔虫的黏土质粉砂岩。在W11井现场淡化水氯离子异常表明,天然气水合物位于海底以下116.5~192.5m,厚度达70m以上,天然气水合物呈分散状充填在孔隙空间,最高值达53%。与GMGS1发现的Ⅰ型天然气水合物不同,在W17井发现了Ⅱ型热成因天然气水合物。天然气水合物层厚度、饱和度远大于GMGS1发现的天然气水合物层。两次天然气水合物钻探均位于珠江口盆地迁移峡谷发育区,峡谷不同位置具有不同的结构单元,含天然气水合物储层和沉积相在空间分布变化大,发现的天然气水合物饱和度在横向上和垂向上都具有明显的不均匀性,这种不均匀分布可能与该区域广泛发育了海底滑坡、气烟囱、断层、迁移峡谷等影响了流体垂向运移、空间分布和天然气水合物成藏,相对较高的饱和度与相对较粗的岩性有关。与在墨西哥湾、日本南海海槽和韩国郁陵盆地等发现的高饱和度砂质天然气水合物储层不同。尽管细粒沉积物富含钙质有孔虫和碳酸盐,能够降低黏土的毛细管力、增加细粒沉积物的孔隙空间,为天然气水合物富集提供足够的生成空间,但是W11钻探揭示的天然气水合物具有的较高饱和度还十分少见。

本节以系统论思想为基础,从天然气水合物成藏的气源供给系统、流体输导系统及矿藏储集系统出发,结合天然气水合物实际调查和勘探结果,深入分析了神狐海域勘探区天然气水合物成藏系统特征。

7.1.2 气源供给系统

1. 气体来源

1)神狐钻探区深部沉积物酸解烃特征

神狐天然气水合物钻探区的4个站位113件深部沉积物样品进行了酸解烃分析。113个酸解烃样品的分析测试结果表明，甲烷含量为92.70～1051.78μL/kg，平均为474.00μL/kg，远高于南海酸解烃甲烷含量的平均值(352.7μL/kg)，也高于ODP1143站位和ODP1146站位深部沉积物的平均值；乙烷含量为3.53～65.90μL/kg，平均28.56μL/kg；丙烷含量为1.25～29.69μL/kg，平均11.25μL/kg。

剖面上，酸解烃中的甲烷含量有随深度增加呈逐渐增加的趋势(图7.2)。同时，在天然气水合物层段内的甲烷含量相对较高，说明酸解烃中的高甲烷含量可能与天然气水合物有关。SH2B站位天然气水合物层段乙烷、丙烷、丁烷等烃类气体含量出现极大值的异常，但SH7B站位天然气水合物层段内的乙烷、丙烷和丁烷等烃类气体含量在剖面上相对较低，因此酸解烃中乙烷、丙烷和丁烷等烃类气体与天然气水合物的相关性还有待进一步探讨(图7.3，图7.4)。

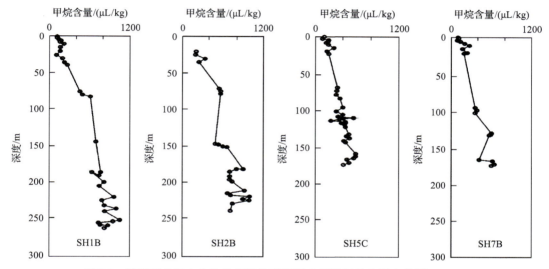

图7.2 神狐天然气水合物钻探站位酸解烃中烃类气体含量变化图

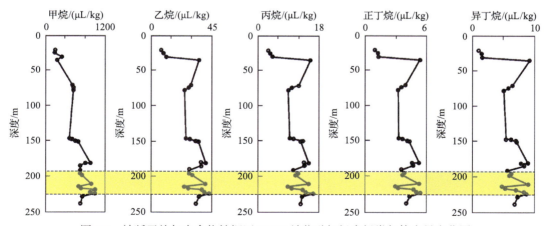

图7.3 神狐天然气水合物钻探区SH2B站位酸解烃中烃类气体含量变化图

浅黄色区间为含天然气水合物段

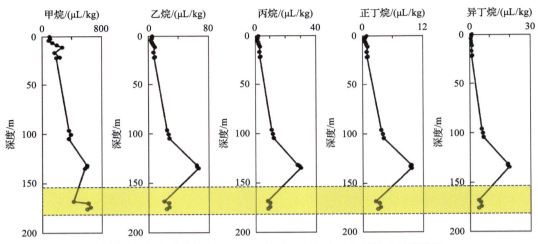

图 7.4 神狐天然气水合物钻探区 SH7B 站位酸解烃中烃类气体含量变化图
浅黄色区间为含天然气水合物段

2) 神狐钻探区天然气水合物成因类型及来源

2007 年 5 月，广州海洋地质调查局在神狐钻探区成功钻获天然气水合物，SH2B、SH3B 站位的天然气水合物层段内各获得一个天然气水合物样品，其中 SH2B-12R 的采样深度为 197.50~197.95m，SH3B-13P 的采样深度为 190.50~191.35m。同时还对 SH3B、SH5C 站位两个顶空气样品进行了分析测试，样品编号为 SH3B-7P 和 SH5C-11R，采样深度分别位于 SH3B 站位的 123.00~123.85m 和 SH5C 站位的 114.00~114.93m 处（表 7.1）。

神狐钻探区天然气水合物样品中的烃类气体以甲烷为主，甲烷含量高达 99.89% 和 99.91%，此外还含少量的乙烷和丙烷，其 $\delta^{13}C_{CH_4}/\delta^{13}C_{C_2+C_3}$ 比值较高，达 911.7 和 1094。两个顶空气也具有类似特征，其甲烷含量分别达 99.92% 和 99.96%，其 $\delta^{13}C_{CH_4}/\delta^{13}C_{C_2+C_3}$ 相应为 1373.5 和 2447，呈现出典型的微生物成因气特征（表 7.1）。

表 7.1 南海神狐钻探区甲烷同位素及其烃类气体组分比值表

样品编号	样品类型	采样深度/m	$\delta^{13}C_{CH_4}$(PDB)/‰	δD(VSMOW)/‰	$\delta^{13}C_{CH_4}/\delta^{13}C_{C_2+C_3}$
SH2B-12R	天然气水合物气	197.50~197.95	−56.7	−199	911.7
SH3B-7P	顶空气	123.00~123.85	−62.2	−225	1373.5
SH3B-13P	天然气水合物气	190.50~191.35	−60.9	−191	1094
SH5C-11R	顶空气	114.00~114.93	−54.1	−180	2447

甲烷碳氢同位素测定结果表明，天然气水合物气的 $\delta^{13}C_{CH_4}$（PDB 标准，下同）值为−56.7‰ 和−60.9‰，δD_{CH_4} 值为−199‰ 和−191‰（VSMOW 标准，下同）。两个顶空气的 $\delta^{13}C_{CH_4}$ 值为−62.2‰ 和−54.1‰，δD_{CH_4} 值为−225‰ 和−180‰，也呈现出微生物成因气的特征（表 7.1）。

将烃类气体的分子组成与甲烷碳同位素值在 $\delta^{13}C_{CH_4}/\delta^{13}C_{C_2+C_3}$-$\delta^{13}C_{CH_4}$ 图上进行投点，结果显示天然气水合物气应为以微生物成因气为主的混合气，顶空气样品的数据则为微生物成因气或以微生物成因气为主的混合气(图7.5)。

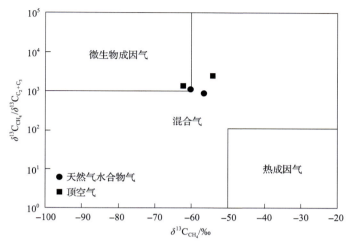

图7.5　南海神狐钻探区甲烷碳同位素值与烃类气体分子比投点图

神狐钻探区烃类气体的成因类型判识图上(图7.6),无论是天然气水合物气还是顶空气均位于二氧化碳还原型微生物成因气区或其边缘,显示其应是二氧化碳还原型甲烷。

因此,神狐钻探区的天然气水合物应是以微生物成因气为主的混合气型天然气水合物,主要的气源应是来自天然气水合物产出层位附近的微生物成因气,并可能有部分深部热成因气的贡献。

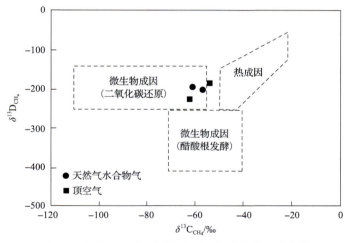

图7.6　南海神狐钻探区甲烷碳、氢同位素值投点图

2007年,广州海洋地质调查局在我国南海神狐海域首次实施天然气水合物钻探,成功获得天然气水合物样品,钻后分析表明天然气水合物气源主要以生物成因为主,热成因气贡献极少。但根据神狐海域油气地质特征,推测神狐海域应存在热成因的天然气气源,但一直未获证实。2015年和2016年,广州海洋地质调查局又先后在神狐海域开展了GMGS3和GMGS4两个航次的天然气水合物钻探,获得了大量天然气水合物实物样

品,从天然气水合物现场岩心分解气、裂隙气及顶空气组分及甲烷同位素测试结果表明,天然气水合物气源组成包括生物成因气及热成因气两种成因类型(图7.7)。气体组分中以甲烷占绝对优势,其含量通常达92%以上,在数个站位测试还发现含量相对较高的C_{2+}以上烃类气体,且有随深度增大而增加的趋势,表明了深部热成因气对天然气水合物成藏的贡献。GMGS3 天然气水合物取心站位所有层段气体样品均以甲烷占绝对优势,甲烷含量在烃类气体中均高于93.5%。但在W11、W17、W18、W19等井中还检测到含量相对较高的乙烷和丙烷,甚至是丁烷和戊烷,这与GMGS1钻探区天然气水合物气体组成有较大区别,GMGS1气体中乙烷和丙烷等重烃含量极低,甲烷含量占绝对优势(黄

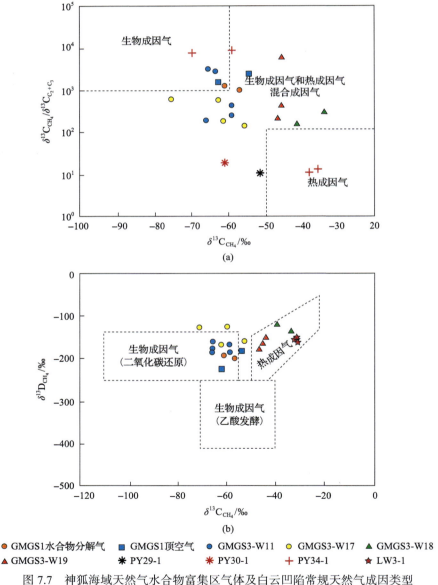

图7.7 神狐海域天然气水合物富集区气体及白云凹陷常规天然气成因类型

霞等,2010)。GMGS4 航次在神狐海域钻探站位所获天然气水合物气体样品也与 GMGS3 站位类似,进一步证实了深部热成因气对天然气水合物成藏的贡献,也首次揭示出该区域存在Ⅱ型天然气水合物。

2. 气源潜力

神狐海域天然气水合物富集区构造上位于珠江口盆地珠二拗陷白云凹陷。珠江口盆地白云凹陷-番禺低隆起常规油气勘探证实,番禺低隆起的烃类气主要为成熟气,具有油型气和煤成气的混合成因特征,且以煤成气为主,其主力气源岩为白云凹陷 $Ⅱ_2$-Ⅲ 型干酪根有机质的恩平组泥岩,次要气源岩为白云凹陷Ⅰ-$Ⅱ_1$ 型干酪根有机质的文昌组泥岩。与神狐天然气水合物钻探区邻近的 PY29-1、PY30-1、PY34-1 等油气田钻井证实了其油气来源于白云凹陷古近系及始新统烃源岩,证明白云凹陷生成的大量油气向凹陷北坡及番禺低隆起发生了运移并聚集成藏。根据神狐海域天然气水合物与邻区常规天然气田气体同位素对比结果(图 7.7),结合前人在白云凹陷的烃源对比工作,认为神狐海域天然气水合物中的生物成因气应来自中新统及上部未熟-低熟烃源岩生成的微生物成因气,而热成因气很可能主要来源于渐新统恩平组和始新统文昌组湖相烃源岩或煤系地层(Huang et al.,2010; Chen et al., 2013; 杨胜雄等, 2017)。对该区域的油气勘探及盆地模拟研究均表明,该区不仅浅部中新统及上部未熟-低熟烃源岩的微生物成因气生气潜力巨大,而且深部文昌组、恩平组烃源岩热演化程度高,热成因气源潜力同样巨大(苏丕波等,2010a, 2010b)。

7.1.3 流体输导系统

神狐海域气体运移输导体系发育,多种类型气体运移通道与天然气水合物稳定带空间匹配良好(图 7.8)。高角度断层、泥底辟、气烟囱等垂向通道发育特征明显,大部分与 BSR 直接沟通,构成了深部古近系成熟热成因气及中新统上部微生物成因气垂向运移的优势通道。在神狐海域钻探区西部(GMGS1 区),典型气烟囱发育,从深到浅呈现出直立的模糊和空白反射带,构成了气源垂向运移疏导通道;在神狐钻探区东部(GMGS3 区和 GMGS4

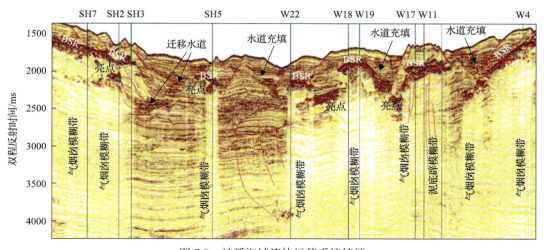

图 7.8 神狐海域流体运移系统特征

区)高角度断裂、气烟囱模糊带和泥底辟发育，同样构成了天然气水合物气源运移通道。此外，神狐海域第四系海底滑塌异常发育，可在地震剖面上观察到明显的滑坡面及滑塌体内部的滑塌断层，能够作为从深部运移至天然气水合物稳定带内部的气体的侧向运移输导通道，进一步扩大了气体的影响范围，与天然气水合物在神狐海域广泛分布密切相关。多种类型含气流体运聚通道是造成神狐海域天然气水合物多样产出、广泛分布、大规模成藏的基础，同时含气流体发育的差异性可能是导致天然气水合物非均匀分布的因素之一。

7.1.4 矿藏储集系统

与常规油气藏不同，天然气水合物成藏对储集层要求较低。理论上，只要在一定的低温高压环境下，具有充足的气体和适量的水，就可形成天然气水合物。因此，天然气水合物储集层不是一个圈闭，而是一个由低温高压环境控制的天然气水合物稳定带范围。当天然气水合物形成于稳定带底部时，其下往往聚集一定的游离气，从而在地震剖面上形成BSR，因此，一般可以通过识别BSR来确定天然气水合物储集层范围。

1. 神狐海域天然气水合物储集层范围

理论上，天然气水合物储集层范围指的是天然气水合物形成的稳定带。它一般受温度、压力、海水盐度和成藏气源气体组分的影响（Shipley et al., 1979）。通常，海底温度和压力是海域天然气水合物稳定带主要控制因素，而海底沉积层温度与区域热流有关，压力则主要与水深有关。因此，当一个区域热流值越低，地温梯度越低，沉积层温度也越低，形成的天然气水合物稳定带越厚。神狐海域热流数据统计结果显示，热流最高值为96.11mW/m^2，最低值为60.84mW/m^2，平均热流值为76.72mW/m^2，标准方差为±9.86mW/m^2。热流值主要集中分布在65～75mW/m^2（约占47%）和75～85mW/m^2（约占28%）范围内。与区域热流背景值对比发现，该区的热流平均值高出珠江口盆地中央隆起带和南部坳陷带 5～6mW/m^2，表明研究区地层中流体相对活跃，深部热液运移速度相对较大。神狐海域热流分布图结果显示[图 7.9(a)]：西部热流的变化趋势由南往北表现为"低—高—低—高"的带状分布特征，表明了该区地层的局部不均一性；东部热流普遍较低，呈均匀梯度变化。钻探区的西部为热流值小于76mW/m^{2}的相对低热流区域，南部和北部为热流值大于80mW/m^{2}的高热流区域。历年的钻探成果显示，钻获天然气水合物样品的站位全部位于西部热力低值中心区域[图 7.9(b)]；而位于高热流区域钻探站位均未发现天然气水合物。因此，可以推定，在假设气源组分、地层盐度坡面相似以及气源供给速率大致相同的情况下，低热流值更利于天然气水合物成藏。

通过对天然气水合物温压相平衡的研究，预测天然气水合物存在的深度和范围。从神狐海域天然气水合物稳定带底界埋深图[图 7.9(b)]可知，现有的温度和压力条件下，神狐海域北部的稳定带埋深小于230m，GMGS1、GMGS3及GMGS4钻探结果证实天然气水合物分布底界深度全部浅于230m。天然气水合物稳定带北部浅、南部深，并没有完全与热流的分布存在负相关，但是与海底深度的变化基本呈现正相关，这说明在地形变化大的区域内（海水深度 800～1500m），压力对稳定带底界呈现出一定的驱动力。但在等深度分布时，海底热流变化对稳定带底界的制约作用明显。

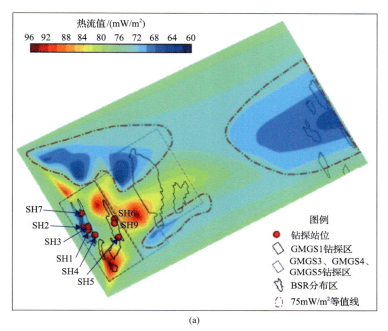

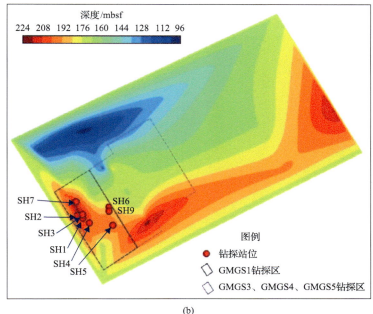

图 7.9 神狐海域天然气水合物分布区热流分布(a)及天然气水合物稳定带分布图(b)

2. 神狐海域天然气水合物储集层的控制因素

神狐海域天然气水合物储层发育在深水峡谷-水下扇体系下,大部分钻井位于天然堤冲蚀沟槽发育部位,总体上为黏土质粉砂沉积类型,岩性粒度偏细,平均粒径为 6.5~12.5μm[图 7.10(a)、(b)]。测井解释结果表明,天然气水合物储层岩性和物性变化较大,

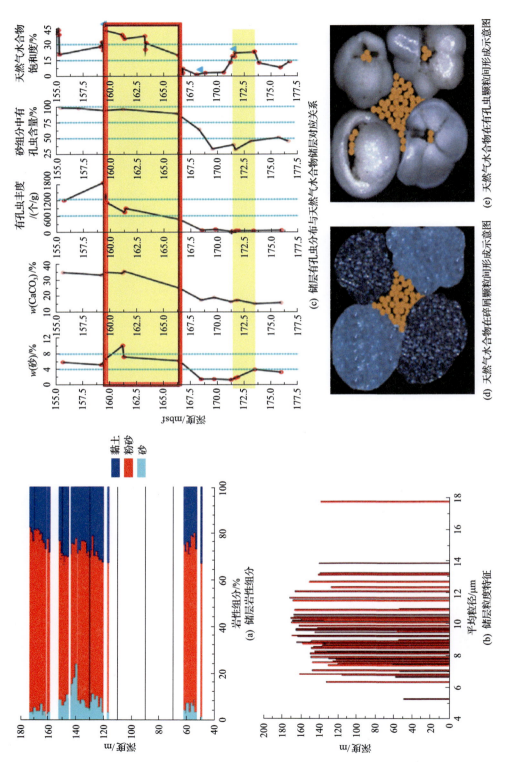

图 7.10 神狐海域天然气水合物储层岩性特征

非均质性明显。邻井天然气水合物储层有效厚度及泥质含量等表现出明显差异,储层孔渗等物性特征亦存在较大差别。通常,细粒储层通常是不利于天然气水合物大规模聚集成藏的,但神狐钻探区钻井天然气水合物储层沉积物显微结构显示,部分储层中富含有孔虫,形成具有较高的孔渗性的富含有孔虫黏土质粉砂岩,为高饱和度天然气水合物的形成和聚集提供了储集条件(陈芳等,2013;张伟等,2017)。同时,钻获天然气水合物饱和度与储层中有孔虫含量呈正相关关系,表明天然气水合物成藏受储集空间影响[图7.10(c)~(e)]。

7.1.5 成藏系统要素

在天然气水合物成藏系统中,气源是基础,运移是关键,储集层则决定了天然气水合物赋存特征及规模。因此,各成藏要素必须具有有效的时空匹配关系,才能形成规模天然气水合物矿藏。

1. 空间上,各成藏要素具有较好的叠合关系

从目前的钻探成果来看,神狐海域天然气水合物的分布与BSR分布对应较好。BSR主要分布于海底海脊的脊部及海脊向深海平原倾没位置,且BSR的分布与泥底辟和气烟囱发育分布区有良好的空间叠置关系,表明气体的运移输导条件可能控制了该区域天然气水合物平面分布。纵向上,BSR主要分布在水道-天然堤体系中,在天然堤冲蚀沟槽下部天然气水合物稳定带底界BSR尤为明显,表现出强反射穿层特征。在空间上,神狐海域天然气水合物成藏要素匹配良好,往往气源、运移通道及储集层(BSR)匹配越好,天然气水合物形成的饱和度越高。在钻获高饱和度天然气水合物的GMGS3航次W19站位BSR的正下部或侧下部存在地震模糊带,这些模糊带是地层中含气后因超压而向上部低压力部位充注和运移,并因地震波能量被吸收而在地震反射剖面上形成模糊或空白反射的结果,表明气体运移充注与高饱和度天然气水合物成藏关系密切;同时,通过地震反射剖面,在W11站位和W17站位天然气水合物藏(BSR)下部识别出高角度断裂,在高角度断裂上方可以直接形成天然气水合物矿体,断层在沟通气源与天然气水合物稳定带及气体运移输导过程中起到关键作用。因此,气源、运移通道及储集层有效空间耦合促使高饱和度天然气水合物的运聚成藏。

2. 时间上,天然气水合物具有多期成藏特征

神狐海域天然气水合物钻探结果显示,天然气水合物层在天然气水合物稳定带内部表现出产出状态多样、厚薄不一的特点。在成像测井曲线上可清晰地观察到这一特征(图7.11),如W19井钻探揭示的天然气水合物层自下而上呈现出分散状天然气水合物—薄层状天然气水合物—厚层状天然气水合物变化序列;W11井表现出薄层状或分散状天然气水合物—厚层状天然气水合物—薄层状或分散状天然气水合物—分散状天然气水合物—厚层状天然气水合物垂向周期性产出的特点。这种天然气水合物多层多产状分布现象,表明神狐海域天然气水合物具有多期成藏的特征,不同期次天然气水合物的形成可能与气体含量及局部储层温压变化有关。上述天然气水合物多层多期分布的特征可能代表了天然气水合物二次或多次成藏的过程。神狐海域海底沉积充填复杂,峡谷水道

切割充填形成水道-天然堤系统，具有水道迁移及多期次水道发育的特征。同时，神狐海域第四系海底滑塌发育，大量沉积物沿斜坡发生滑动，形成滑坡面及滑塌体内部的滑塌断层，部分断层切割了天然气水合物稳定带，甚至直达海底。在这些沉积构造的影响下，原已聚集成藏的天然气水合物可能因温压稳定条件被破坏而发生分解，导致天然气水合物层减薄，饱和度降低，甚至消失（张伟等，2018）。当稳定带再次形成之后，气体重新聚集在储层中形成新天然气水合物层，即天然气水合物二次成藏，这一过程可能多次发生，最终表现出天然气水合物多期成藏，垂向上呈规律性的变化特征。

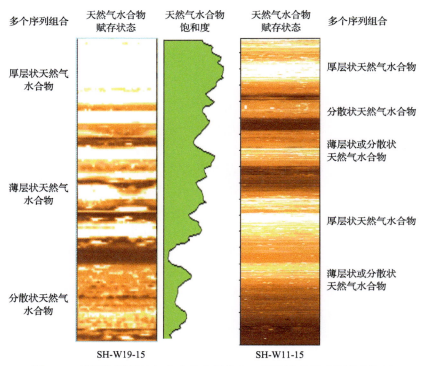

图 7.11 神狐海域天然气水合物多层分布，周期性成藏成像测井特征

7.1.6 成藏系统特征

1. 纵向上，自下而上表现为游离气层—天然气水合物+游离气层—高饱和度天然气水合物层—低饱和度天然气水合物层的分布特征

在神狐海域天然气水合物钻探站位及其附近地震剖面上，能观察到游离气及天然气水合物叠置分布的特征，天然气水合物稳定带底界表现为连续性强振幅反射的BSR，BSR上部出现与海底极性一致的强振幅反射组，代表天然气水合物矿体的展布；BSR下部出现与BSR斜交的强振幅反射组，其是游离气反射波组，或者是游离气和水层之间的边界，因此，地震剖面显示出神狐海域天然气水合物存在游离气层，天然气水合物层共存的特征。实际随钻测井结果显示（图 7.12），在垂向上，神狐海域天然气水合物呈现明显的成藏序列，自下而上表现为游离气层—天然气水合物+游离气层—高饱和度天然气水合物层—低

饱和度天然气水合物层的分布特征。深部游离气通过运聚通道到达天然气水合物稳定带，在稳定带底部附近开始生成聚集形成天然气水合物，在这一深度段，游离气和水呈现出动态形成天然气水合物的特征，从而表现为天然气水合物和游离气共存的特点。当大部分游离气进入天然气水合物稳定带内部之后，气体逐渐聚集形成天然气水合物并逐渐充填于储集空间之中形成高饱和度天然气水合物；当此天然气水合物层形成之后，因天然气水合物层的孔渗性降低，将阻止下部气体进一步向浅层运移，仅有少量的气体可通过天然气水合物稳定带内部的断裂和裂缝及孔渗性较高的通道继续向上运移，聚集形成饱和度相对低的天然气水合物层。上述地震及测井表征的多相态共存的特点，揭示出神狐海域天然气水合物是一个游离气（气）、水（液）及天然气水合物（固）三相共存，相互作用的成藏系统。

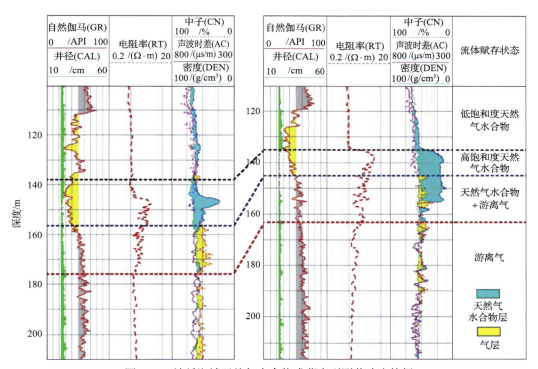

图7.12 神狐海域天然气水合物成藏序列测井响应特征

2. 平面上，储集层非均一性强，天然气水合物差异聚集明显

神狐海域不同区域或者同一区域不同构造位置天然气水合物的赋存分布特征及其饱和度等差异明显。同时，天然气水合物在垂向上的分布规律复杂，其在天然气水合物稳定带内产出状态、分布厚度、饱和度等同样存在很大差异[图7.13(a)、(b)]。天然气水合物这种非均匀分布特征在GMGS1、GMGS3、GMGS4航次钻探站位中均有体现。几次不同钻探的结果也存在较大差异，虽然天然气水合物总体是以赋存于黏土质粉砂为主的细粒储层中的扩散型天然气水合物，但不同钻井揭示的天然气水合物厚度及饱和度等差异非常显著(Yang et al., 2015)，充分体现了天然气水合物非均匀分布的特征[图7.13(b)]。

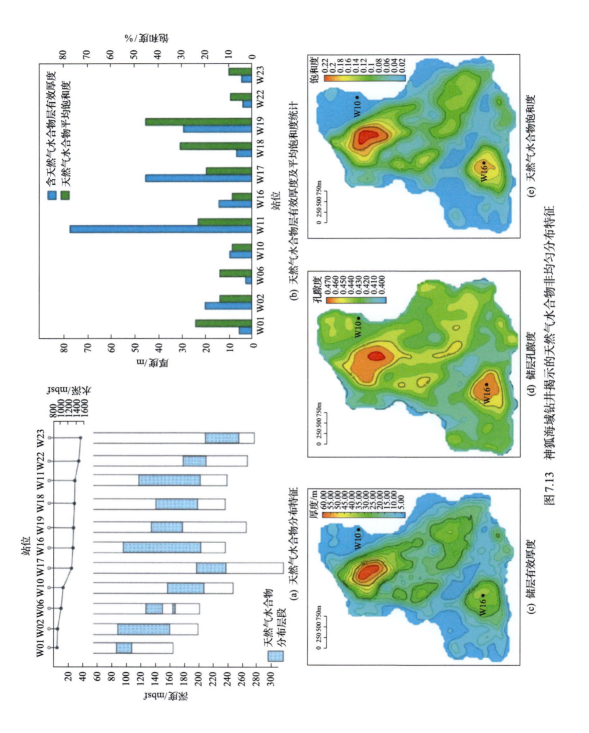

图 7.13 神狐海域钻井揭示的天然气水合物非均匀分布特征

这种天然气水合物差异性聚集的特点可能受天然气水合物储层及含气流体运移输导通道差异发育控制(张伟等，2018)。钻探结果表明，神狐海域不同站位或同一站位不同深度天然气水合物储层物性特征非均质性特征明显，天然气水合物聚集空间与储层孔渗等条件关系密切，而储集空间则影响天然气水合物饱和度[图7.13(c)~(e)]。神狐海域钻获高饱和度天然气水合物站位储层中含有高丰度的有孔虫化石，其为天然气水合物的聚集提供了更多空间。然而，并非含有有孔虫的站位就发育高饱和度天然气水合物，其可能受其他因素影响。因此，对天然气水合物这种非均匀分布的控制和影响因素尚未明确，亟待进一步深入研究。这对天然气水合物钻探站位优选，提高钻获高品位天然气水合物至关重要，同时，也是天然气水合物资源评价及开发必须考虑的问题。

7.2 东沙海域天然气水合物成藏系统

7.2.1 概况

东沙海域天然气水合物调查区位于南海北部大陆边缘，发育以加里东、燕山期褶皱为基底的新生代含油气盆地，新生代沉积地层厚度较大，沉积速率较高，1.05Ma以来沉积速率高达49cm/ka。浅表层沉积物岩性主要为粉砂质黏土和黏土质粉砂，富含钙质和硅质生物碎屑，有机碳含量较高，一般为0.5%~1%。

东沙海域天然气水合物富集区主要位于台西南盆地和东沙隆起区。其中东沙隆起区北部与珠一拗陷相接，西南与珠二拗陷相接，东部和东南部以大断层为界与台西南盆地相接。在隆起区，新生代地层厚度较薄，一般为100~500m。该时期只有中晚渐新世接受沉积。台西南盆地西北部以大断层为界与东沙隆起为邻，区内海相沉积厚度大部分在2000m以上。该盆地中部隆起的南北两侧发育具有多个沉积中心的二级拗陷(图7.14)，其中南部拗陷深水区新生代沉积厚度最大，平均达3000m以上。沉积区域内发育等深流、三角洲、浊积扇、扇三角洲、滑塌沉积等特征沉积体系。这些沉积体规模巨大、沉积速率高，一般是突发事件的产物，因此对天然气水合物富集十分有利。盆地具有中生界、古新纪—始新统、中中新统—上新统、上中新统—更新统共四套气源岩，并且已勘探开发了牛山、六重溪和中仑(冻子脚)等气田以及竹头崎-湾丘等油气田，气源条件较好。盆地发育NW—NWW和NNE—NEE两组不同方向断层，且前者切割后者，说明前者形成

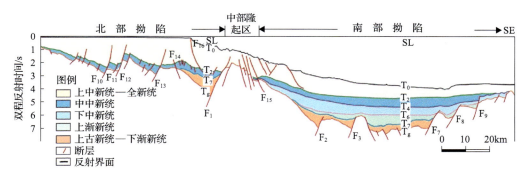

图7.14 台西南盆地地震解释剖面图

时代较晚，大约形成于 15Ma 之后，主要控制第四系沉积。NW 向断层作为中深层隐伏断层，其活动可引起上覆第四系松软沉积层处于高压低张环境。综合分析，东沙海域具备天然气水合物形成的温压、气源和地质等条件。

通过地震剖面解释，东沙海域 BSR 主要发育在水深 300~3500m 的上中新统以上的沉积层中，其沉积速率高达 40~50cm/ka，有利含砂率区间为 35%~50%。2013 年 6 月至 9 月，广州海洋地质调查局在东沙海域实施了天然气水合物钻探取样，分为 3 个航段进行，共完成 13 个站位 23 口井的地球物理测井及钻探取心工作，其中 8 个站位的测井曲线有天然气水合物异常显示，5 个取心站位取到天然气水合物样品，其中 4 个站位发现块状、结核状及脉状等可视天然气水合物。

7.2.2 气源供给系统

1. 气体来源

1) 东沙群岛海域深部沉积物酸解烃特征

ODP184 航次中的 1146 站位位于东沙群岛海域，该站位水深 2092m，最大钻探井深为海底以下 607m，终孔于下中新统，井底沉积物的最大年龄约为 19Ma。1146 站位有 47 个样品，采样深度为海底以下 8.15~604.92m，采样间隔约 15m。

1146 站位 47 个深部样品的酸解烃分析结果显示，甲烷含量介于 15.7~394.1μL/kg，平均含量为 133.4μL/kg；乙烷含量范围为 1.2~92.5μL/kg，平均含量为 25.1μL/kg；丙烷含量范围为 0.5~38.6μL/kg，平均含量为 10.7μL/kg；正丁烷含量范围为 0.1~16.9μL/kg，平均含量是 4.6μL/kg。1146 站位无论表层还是深部烃类气体含量均要高于整个南海北部海域浅表层沉积物所具有的相应含量，其平均值约为浅表层沉积物的 2 倍。由剖面可知，在 0~254.3m 的深度范围内，甲烷含量相对较低，介于 15.7~129.3μL/kg，且变化不大。甲烷含量随着深度的增加而逐渐升高，在 393.5m 处达到峰值 394.1μL/kg，再往下深度含量有所降低，并在 553.0m 和 583.7m 处出现两个次峰值，分别为 286.3μL/kg 和 282.5μL/kg。至底部甲烷含量再次降低至很小。乙烷、丙烷、正丁烷的变化趋势与甲烷基本一致(图 7.15)。

1146 站位在 0~250m 区间的沉积物酸解烃类气体含量较低且变化不大，随深度增加烃类气体含量逐渐升高；390~590m 区间存在较明显的烃类含量正异常；393m 处酸解烃出现峰值；550~590m 区间酸解烃则出现次峰值；大于 590m 的深度酸解烃中的烃类气体随深度增加含量均有所降低。这一高烃异常很可能是东沙群岛海域邻区天然气水合物分解后的富烃流体沿断层或层间裂隙侧向迁移的结果。

2) 东沙群岛海域顶空气特征

东沙群岛海域 329 个沉积物样品的甲烷含量均分布在 2.22~267038μg/L，平均值为 4165μg/L，其中 16 个样品的含量大于 10000μg/L，4 个样品的含量大于 100000μg/L (图 7.16)。大于 100000μg/L 的顶空气甲烷含量在南海尚属首次发现，在世界天然气水合物产区也极为罕见。这些甲烷高含量站位多分布于东沙群岛海域南部的"海洋四号"

沉积体上，且均分布于断裂带北侧或其附近；在东沙群岛海域北部的"九龙甲烷礁"附近也发现两个高异常站位，但 BSR 分布区并未见明显的异常。

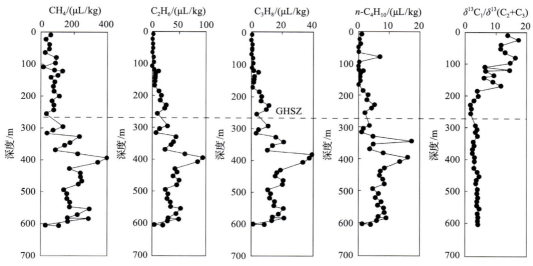

图 7.15　ODP-1146 站位酸解烃中烃类气体含量及其分子比值变化图

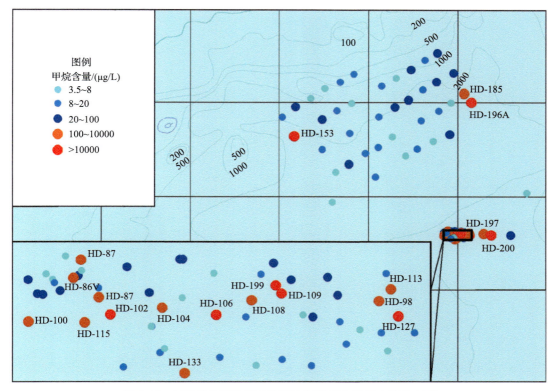

图 7.16　东沙群岛海域各站位顶空气甲烷含量最大值分布图

表层沉积物（0～20cm）甲烷高含量区包括前述几个甲烷极高含量站位，主要分布于南部的"海洋四号"沉积体和北部的"九龙甲烷礁"附近,在"海洋四号"沉积体上基本沿断裂呈串珠状分布(图 7.17),表现出表层沉积物甲烷含量受到断裂控制的特点。

各站位的甲烷含量普遍表现出由浅至深逐渐升高的特征(图 7.18)。HD-109 和 HD-199 两个站位底部沉积物甲烷含量达到 100000μg/L 以上,甲烷含量分别从约 5m 和 4m 的深

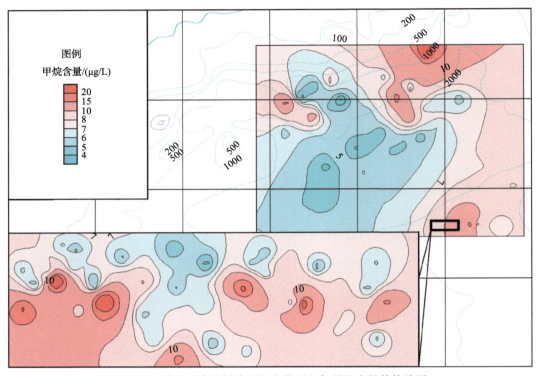

图 7.17 东沙群岛海域表层沉积物顶空气甲烷含量等值线图

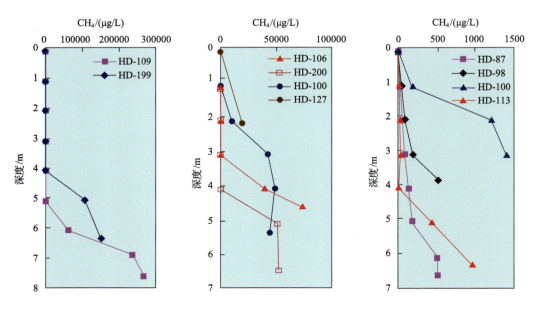

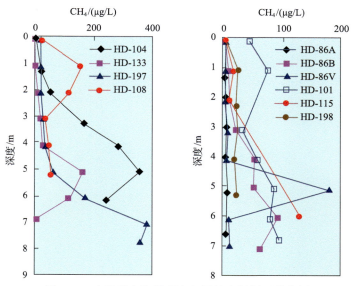

图 7.18　东沙群岛海域顶空气甲烷含量剖面分布图

度开始急剧升高,并且与深度值呈正相关关系。底部沉积物甲烷含量大于10000μg/L 的 4 个站位中,HD-127 站位从表层开始就观察到甲烷含量的急剧增加,在很浅的部位(2.11～2.31m)甲烷含量即达到 20600μg/L;其他几个站位甲烷含量急剧增加的深度均分布于 1～3m。甲烷含量急剧增加的深度往往对 SMI 界限有一定的指示意义。总的来说,东沙群岛海域存在强烈的烃类气体地球化学正异常,非常有利于形成天然气水合物,尤其是 HD-109 站位及其附近应引起特别的关注。

3) 天然气水合物钻探区气源分析

2013 年,广州海洋地质调查局在实施了东沙海域天然气水合物钻探航次(GMGS2 航次),共获得 13 个站位的测井资料(图 7.19),综合解释研究发现,其中 8 个站位有明显的天然气水合物赋存指示,在其中的 5 个站位实施了钻探取心,均获得了天然气水合物样品,分别以块状、层状、脉状、结核状及分散状等多种形式赋存。

根据研究需要,在 GMGS2-05、GMGS2-07、GMGS2-08、GMGS2-09 和 GMGS2-16 五个站位,制备了顶空气样品、开展了保压取心和现场测试分析工作。从研究区的地质、地球物理、地球化学、钻探等资料分析,认为该区天然气水合物资源前景良好,分布范围大,浅中深地层(约在海底以下十几米、几十米至一二百米)均有分散型、渗漏型天然气水合物赋存,天然气水合物层厚度大(最大可达 32m);天然气水合物分解的气体成分以甲烷为主,分散型天然气水合物饱和度高(最高超过 50%)。

测试分析结果表明,GMGS2 钻探区天然气水合物气体组分中甲烷含量(>98%)占绝对优势, $\delta^{13}C_{CH_4}/\delta^{13}C_{C_2+C_3}>1400$。在 $\delta^{13}C_{CH_4}/\delta^{13}C_{C_2+C_3}$-$\delta^{13}C_{CH_4}$ 成因判识图版上,GMGS2-08 站位和 GMGS2-16 站位所有天然气水合物层段的天然气水合物分解气样品都处在生物成因气的范围内[图 7.20(a)]。在 $\delta^{13}C_{CH_4}$-δD_{CH_4} 成因判识图版上,以上两个站位所有天然气水合物层段的天然气水合物分解气样品也都处在生物成因甲烷(二氧化碳还原)范围内[图 7.20(b)]。从图版上还可以看出,GMGS2 钻探区天然气水合物气体与神狐海域及世界典型天然气水合物产出区布莱克海台的天然气水合物气体类似,均为二氧化碳还原形成的生物成因甲烷气;与墨西哥湾热成因天然气水合物气体则存在明显差异,与珠江口盆地常规油气田 LW3-1-1 气田天然气成因类型也明显不同。

根据 GMGS2-08、GMGS2-16 两个站位的测试分析结果,结合 GMGS2-08 站位水合

图 7.19 GMGS2 钻探航次的测井及取心井位位置图

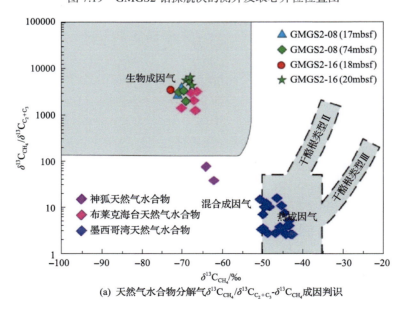

(a) 天然气水合物分解气 $\delta^{13}C_{CH_4}/\delta^{13}C_{C_2+C_3}$-$\delta^{13}C_{CH_4}$ 成因判识

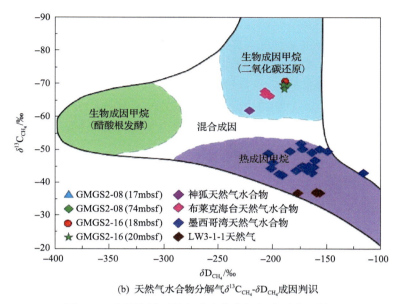

(b) 天然气水合物分解气$\delta^{13}C_{CH_4}$-δD_{CH_4}成因判识

图 7.20 东部海域天然气水合物分解气成因类型判识

物的产出形态（浅层为脉状，70mbsf 以下为块状），GMGS2-16 站位天然气水合物的产出形态（浅层为结核状、脉状，200mbsf 以下为分散型），判断其气体组分以二氧化碳还原形成的生物成因甲烷为主。同时，气体成因类型与天然气水合物产出状态没有直接关系，即上部渗漏型天然气水合物与下部分散型天然气水合物气体成因相同。综合考虑珠江口盆地油气地质特征及天然气水合物成藏地质、地球化学特征，认为研究区天然气水合物气源与深部油气藏关系不大。

2. 气源潜力

东沙海域台西南盆地长期以来作为该区域的沉积中心，地层沉积较厚。上新世以来沉积了较厚的地层，其中绝大部分地区介于 200～500m；上中新统厚度变化相对较小，局部一般超过 500m，其余地区一般为 100～200m。以浅海—深海碎屑岩沉积为主，具有较大的沉积厚度和较高的沉积速率，泥岩及有机质含量较高，热成熟度较低，可成为生物成因气的主要烃源岩。对台西南盆地内的 4 个大型重力柱状样沉积物粒度、矿物组分、微体古生物及地球化学等特征的研究发现，区域内沉积物以陆源碎屑物质为主，其次是海洋生物沉积。4 个柱状样的多个层段有浊积体存在。有关资料显示，在重力流（浊流）沉积的黏土中，有机质含量比深海黏土中的有机质更加丰富，而该区 4 个柱状样 DH-CL09PC、DH-CL10PC、DH-CL11PC 和 DH-CL14PC 有机碳平均含量分别为 0.84%、0.91%、0.83%和 0.82%。可见该区沉积物中的有机碳含量达到了形成甲烷的条件，可以为生物成因气的大量形成提供物质保证。

而作为台西南盆地的主体，东沙东拗陷面积约 27000km^2，占整个盆地面积的一半以上，不但面积大，而且具有较大的沉积厚度，是盆地的沉积中心所在，对天然气水合物的形成非常有利。一方面在沉积拗陷区，沉积厚度大，有机质丰度高，生气条件良好；另一方面，该拗陷中的有机质已进入成熟和高成熟阶段，局部已处在过成熟阶段，可形成与石油伴生的热降解和裂解气，可为天然气水合物的形成提供良好的热成因气源。据台西南盆地钻井及地震资料分析，该区域新生代地层主要有两套热解烃源岩：即渐新统—中新统海相泥岩和三角洲平原相-近海沼泽相含煤岩系，主要发育在盆地东部；古新统—始新统的浅海-半深海相碎屑岩，主要分布在台西盆地西部拗陷区，生气潜力大。上述这些有利因素说明该区域具有良好的气源潜力。

7.2.3 流体输导系统

就构造作用的影响因素而言，浅断层、裂隙及其伴生的构造异常体（如气烟囱）亦是脉状、结核状、薄层状等可视天然气水合物形成的有利场所，原地生物成因气体和深部热成因气体沿高角度开放式渗透性好的断层迁移，于断层裂隙的合适深度处甚至海底形成块状天然气水合物。特别是随着气体的聚集和天然气水合物生长，引起沉积物孔隙急剧膨胀，更有利于天然气水合物规模发育。

研究区地形复杂，地貌变化大，陡坡、峡谷、海槽十分发育，海水深度300~2000m，海槽两侧斜坡之上的海台区是天然气水合物成藏有利区带。区内观察到大量的断层，许多断层向下穿透盆地基底，形成于晚白垩世—古近纪的拉张环境。晚渐新世，第二次拉张阶段，断层活动加强，控制一级和二级构造单元的形成发育。上新世以来的新构造运动活跃，断层切穿较新的深水底流、浊流形成的具有S形前积结构的地层，甚至延伸至海底。伴随断层活动，深部热成因裂解气和上新世—更新世生物成因气随流体运移活跃，泥底辟发育，这些为该地区天然气水合物系统的形成提供了很好的地质构造环境，天然气水合物成藏区带与断层走向及泥底辟的延展方向具有较好的对应关系（图7.21）。

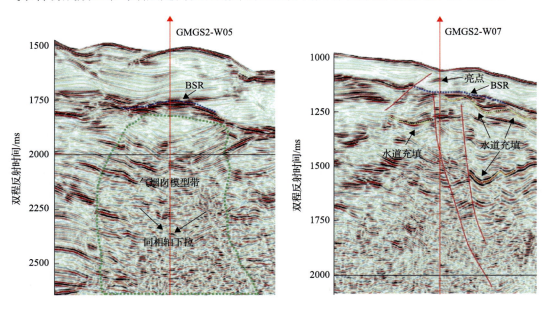

第7章 南海北部天然气水合物成藏系统分析

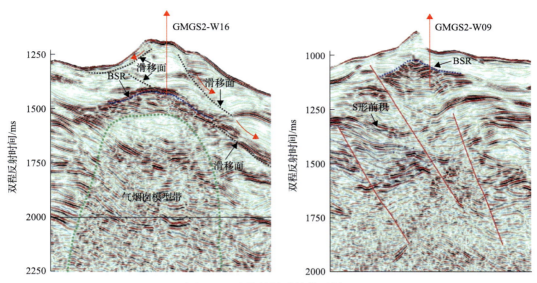

图 7.21 流体输导系统典型剖面

7.2.4 矿藏储集系统

1. 温压稳定带范围

温压、热流、盐度和时间等因素是影响天然气水合物成藏及其产状的重要条件。根据传统的海底温度、地下温度、静水及静岩压力计算天然气水合物相平衡稳定带，Ⅰ型天然气水合物稳定带所处水深为 600～900m，而Ⅱ型天然气水合物稳定带所处水深可能浅至 500m。目前，东沙天然气水合物调查区发育处的水深大多为 600～900m（除 GMGS2-05 站位），这与Ⅰ型天然气水合物发育的水深条件吻合，而实验测试分析研究区天然气水合物也属于Ⅰ型天然气水合物，且天然气水合物多以团块状、结核状、脉状等形式赋存。另外，研究区处于南海东北部准被动大陆边缘新构造活动及孔隙流体迁移相对活跃，海底动荡水体与沉积物孔隙水交换，提高沉积物孔隙水盐度，有利于扩大天然气水合物稳定带范围。

东沙海域调查区内海水深度大体在 320～3400m，其地温梯度在 3.3～4.5℃/hm，从海底温度、地温梯度及水深来看，与世界上发现天然气水合物区域的相应参考值比较接近，满足天然气水合物生成条件。

热流值已成为确定天然气水合物有利靶区的一项指标。一般而言，天然气水合物分布区热流较低，热流密度范围为 28～62mW/m^2，平均值为 42mW/m^2。但 ODP127 航次 796A 站位在日本海东北部北海道滨外钻探时发现了天然气水合物，其热流密度高达 156mW/m^2。就整体而言，南海是一个具高热流背景的地区，海洋热流密度平均值为 75.9mW/m^2，但从局部分析，东沙海域调查区附近的热流密度相对较低，一般为 60～90mW/m^2，比较有利于天然气水合物的发育。根据东沙海域调查区相应地温场、热流及盐度等参数，结合天然气水合物相平衡关系对稳定带进行计算，该区域具有较好的天然气水合物发育温压条件,相对而言,调查中部稳定带更厚一点,与之对应的地震剖面解释的 BSR 更深,由于解释的 BSR 分布与计算的天然气水合物稳定带范围基本一致,也从温压条件方面说明了 BSR 解释的可信性。

2. 储集层控制因素

天然气水合物产状包括可视的块状、层状、脉状、瘤状等,以及不可视的分散状。影响其产状的地质因素主要为岩性岩相(古河道、扇体)、粒度、断层裂隙和气体运移方式,而温压、热流、盐度和时间等因素是影响天然气水合物成藏及其产状的相平衡条件。

就沉积作用的影响因素而言,通常粗颗粒含砂层,如浊流砂,粒间孔隙大,厚的富砂、高孔渗透层有利于天然气水合物结晶、成核、生长,为天然气水合物成藏提供了有效空间,气体沿裂隙或孔缝以高通量渗漏形式于稳定带之上的粗粒沉积物内形成孔隙充填型(团块状、结核状)、裂隙充填型(脉状)等多种赋存形式的可视天然气水合物。相比而言,储层为细颗粒泥质层,粒间孔隙小,多为饱和水的黏土,天然气水合物结晶成核及生长较困难,气体只能以低通量扩散形式迁移于稳定带底界附近的泥岩中,形成分散状不可视的天然气水合物,泥质沉积物内很少见裂隙充填可视天然气水合物(如脉状、结核状)。

研究区钻探取心结果表明,五个站位的钻井(GMGS2-16、GMGS2-05、GMGS2-07、GMGS2-08、GMGS2-09)均不同程度地发现天然气水合物,以块状、层状、团块状、脉状及分散状等自然产状赋存于粉砂质黏土及生物碎屑灰岩中(图 7.22)。其中 GMGS2-16 井水深为 871m,共发育两层天然气水合物,15~30mbsf 层段发育瘤状天然气水合物,189~

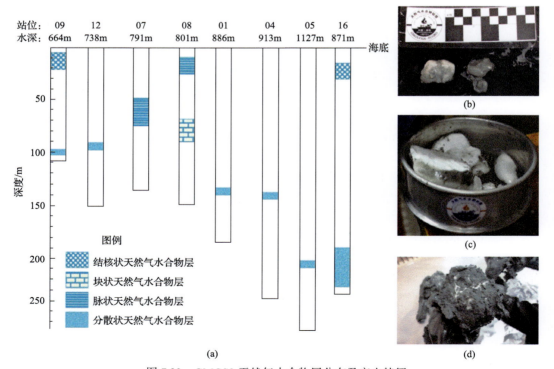

图 7.22 GMGS2 天然气水合物层分布及产出特征

226mbsf 层段发育分散状、脉状天然气水合物。GMGS2-05 井水深为 1127m，201～208mbsf 层段发育分散状天然气水合物。GMGS2-07 井水深为 791m，13～50mbsf 层段沉积物呈粥状结构，其底部发现瘤状天然气水合物。GMGS2-08 井水深为 801m，近海底浅层局部发育浅黄色自生碳酸盐结核黏土。该站位共发育两层天然气水合物，8～23mbsf 层段发育块状、瘤状或脉状天然气水合物，厚度约 15m，横向分布范围相对较宽；68～90mbsf 层段发育厚层块状天然气水合物，厚度约 30m，横向分布分范围相对较窄。GMGS2-09 井水深为 664m，该站位海底发育大量自生碳酸盐岩，9～21mbsf 层段发育结核状天然气水合物。

综合上述各井天然气水合物发育情况，以 90mbsf 为界，大致可分为上部和下部两个天然气水合物矿层，其垂向分布特征如下。

上部天然气水合物矿层（0～90mbsf）：在该层段范围内 GMGS2-16、GMGS2-07、GMGS2-08、GMGS2-09 井不同深度处均发育天然气水合物，天然气水合物多呈块状、瘤状或脉状，且以可视天然气水合物为主，厚度为 15～32m，横向分布范围相对较窄。母岩为浅灰色粉砂质黏土，海底及该层段的中部发育两期自生碳酸盐岩。

下部天然气水合物矿层（91～226mbsf）：在该层段范围内 GMGS2-16、GMGS2-05 井不同深度处均发育天然气水合物，多呈分散状，肉眼不可视，天然气水合物饱和度高，横向分布范围相对较宽，天然气水合物厚度为 6～37m。母岩为灰绿色粉砂质黏土，少见自生碳酸盐岩。

值得注意的是，GMGS2-08 井上部天然气水合物矿层的两个天然气水合物层段顶部均发育自生碳酸盐岩，其中下部天然气水合物层段的顶部自生碳酸盐岩厚约为 3m，多期混杂胶结发育，早期泥质碳酸盐岩破碎，呈角砾形式以方解石胶结，角砾分选性、磨圆度差，为未经搬运原地成岩，另见许多破碎残留的生物贝壳、气体喷逸孔洞，且孔洞填充许多小型方解石结晶颗粒。

总的来说，研究区中上部沉积以粉砂质黏土为主，颗粒较粗，孔隙度较大，主要发育可视的块状、脉状、层状、瘤状天然气水合物，是裂隙充填作用的结果，受岩性及其粒度影响较小；研究区中下部沉积物埋深较大，孔隙度偏小，颗粒较细，发育肉眼不可见的以孔隙充填为主的分散状天然气水合物。

7.2.5 成藏系统要素

根据天然气水合物成矿理论预测，天然气水合物形成时代应早于上覆的自生碳酸盐岩，晚于其赋存的母岩沉积层。研究区 GMGS2-16 井钻达最大深度 213.55m，据微生物化石鉴定及事件分析，所钻达最老地层为中更新统。另外，更新世之后研究区沉积速率一般为 5.4～8.9cm/ka，最高达 42cm/ka，按沉积速率的平均高值 28cm/ka、中更新统底界 0.78Ma 推算沉积厚度，更新统—全新统厚约为 218.4m，推算的地层厚度与实际钻探揭示情况基本相符。

据区域沉积速率推算地质年代，研究区上部天然气水合物矿层之上段埋深为 8～30m，30m 以浅的沉积应为晚更新世（0.107Ma）之后沉积，而上部天然气水合物矿层之上的碳酸盐结核（即海底自生碳酸盐岩）应形成于晚更新世之后；研究区 GMGS2-08 站位的上部天然气水合物矿层之下段埋深为 66～99m，100m 以浅的沉积应为中更新世中期（0.357Ma）以后沉积，而上部天然气水合物矿层之下段的顶部碳酸盐岩形成时间介于上部天然气水合物矿层的上下段之间，即中更新世中期—晚更新世；下部天然气水合物矿层埋深为189～226m，230m 以浅的沉积应为中更新世早期(0.78Ma)以后沉积。

分析认为上述两期碳酸盐岩是与天然气水合物形成分解相关的两次冷泉活动之结果，其形成年龄可视为天然气水合物藏演化阶段的重要判识标志。据相关资料分析，研究区海底自生碳酸盐岩形成于 0.04655～0.04694Ma，处于低海平面时期，接近更新世末期(0.0117Ma)。另外，据最新研究结果，认为南海古冷泉活动开始于 0.33～0.063Ma，即中更新世早期—更新世末期之间有冷泉活动，可视为上部天然气水合物矿层之下段的顶部碳酸盐岩的形成时间。

因此，上部天然气水合物矿层的上段形成于晚更新世(0.107～0.063Ma)期间，上部天然气水合物矿层的下段应于中更新中期—晚更新世(0.357～0.107Ma)期间形成，下部天然气水合物矿层应于中更新世早期—中更新世中期(0.78～0.357Ma)期间形成。

7.2.6　成藏系统特征

1. 自生碳酸盐岩客观记录天然气水合物成藏

2013 年 6 月至 9 月，广州海洋地质调查局航次发现的天然气水合物样品具有埋藏浅、厚度大、类型多、纯度高四个主要特点。天然气水合物赋存于水深 600～1100m 的海底以下 220m 以内的两个矿层中，上层厚度为 15m，下层厚度为 30m，自然产状呈层状、块状、结核状、脉状等多种类型，肉眼可辨。岩心中天然气水合物含矿率平均为 45%～55%，其中天然气水合物样品中甲烷含量最高达到 99%。

GMGS2 钻探航次不仅发现了以多种形式赋存的天然气水合物，同时还在两个站位的钻井发现了自生碳酸盐岩，特别是 GMGS2-08 井发育了两层自生碳酸盐岩，上层主要为近海底的碳酸盐结核，下层为固结的角砾灰岩，发育气孔构造，不同期次的角砾相互胶结。这些与天然气水合物伴生的自生碳酸盐岩是否暗示天然气水合物藏演化，许多学者认为自生碳酸盐岩主要为天然气水合物分解释放甲烷，随后甲烷厌氧氧化所形成的产物，而地质历史时期的低海平面或海水温度的升高都可能引起天然气水合物的分解，因此，自生碳酸盐岩客观记录了天然气水合物藏分解的成因及过程，与天然气水合物藏的演化有着非常密切的关系。

2. 天然气水合物分期次、多形态、非静态成藏

根据估算的天然气水合物藏及自生碳酸盐岩形成时间(图 7.23)，结合研究区地史时期特别是新近纪以来可能的地质影响因素，推演天然气水合物矿藏的演化过程。

更新世早期海退，自中更新世(0.78～0.357Ma)之后海侵，南海东北部陆坡深水区(水深 500～1000m)接受巨厚沉积。而此前地史时期，台西南盆地南北拗陷深部的古近系含煤沉积，有机质成熟生成的热成因气充足，源于深部的高通量游离气体以扩散形式于适宜温压域的细粒沉积物内形成分散状不可视天然气水合物，构成下部天然气水合物矿层，天然气水合物埋藏较深，母岩为细粒沉积物，以粒间孔隙充填为主，明显受岩性控制。

中更新世早期(0.7Ma)之后华南沿海发生了火山喷发及气候突变等一系列地质事件，受这些新构造活动影响，地层孔隙通道增大，深部过饱和的部分游离气沿断裂隙或不整

合面以渗漏形式运移于稳定带之上的浅部沉积物或裂隙内形成上部天然气水合物矿层的下段，天然气水合物埋藏浅，近海底至百米之内，多为块状、层状、脉状、瘤状等多种可视天然气水合物，分析认为母岩沉积物颗粒相对较粗且处于欠压实状态，颗粒间隙大，有利于天然气水合物短时间内结晶、成核、生长，形成具规模的天然气水合物矿层。

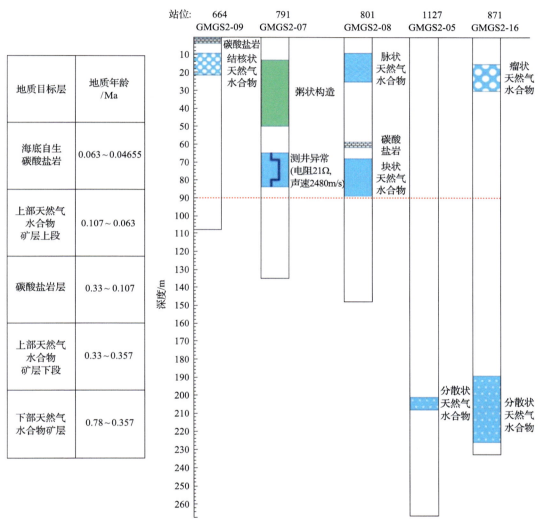

图 7.23 研究区含天然气水合物 5 口钻井的连井剖面及目标层地质年代

中更新世中期(0.33~0.107Ma)，研究区海平面下降，碎屑流、浊流十分活跃，海底滑坡、峡谷多次迁移，受这些沉积动力学作用影响，研究区上部天然气水合物矿层的下段天然气水合物欠稳定，其底部天然气水合物分解释放气体，与海水交换发生系列化学反应，形成自生碳酸盐岩及古冷泉生物群落。

更新世晚期较大海侵，研究区为半深海沉积环境，发育深灰色粉砂质黏土夹火山灰，偶见浊流和火山喷发物。随后由于里斯冰期和玉木冰期的影响，海平面下降。末次盛冰期(0.11~0.02Ma)(晚更新世)以来，海洋底水温度增加，有利于天然气水合物的二次成藏。受其带来的温压域变化影响，下伏过饱和的部分游离气上移并与原地微生物成因气汇聚，随流体沿断裂隙、气烟囱以渗漏形式迁移于海底及其以下的浅地层处或裂隙内形成上部天然气水合物矿层的上段，于粉砂质黏土、生物碎屑灰岩中发育多种类型的可视天然气水合物，天然气水合物稳定带厚度减薄。

更新世末期（0.063～0.04655Ma），南海北部准被动陆缘处于间冰期的低海平面相对温暖环境，受构造、沉积及水文气象等各类活动的叠加影响，上部天然气水合物矿层甚至下部天然气水合物矿层处于欠稳定状态，大规模分解释放甲烷气体，浮游有孔虫和底栖有孔虫的 $\delta^{13}C$ 和 $\delta^{18}O$ 曲线负偏移，与海水交换发生系列化学反应，形成现代海底冷泉碳酸盐岩及冷泉生物群落。

综上所述，研究区天然气水合物矿藏受岩性、构造活动和海平面变化等多种因素影响，天然气水合物矿藏至少经历了三次天然气水合物藏发育期（0.78～0.357Ma、0.357～0.107Ma、0.107～0.063Ma）和两次天然气水合物藏破坏期（0.33～0.107Ma、0.063～0.04655Ma），最终形成南海北部独具特色的天然气水合物成藏系统（张光学等，2017）。

7.3 琼东南海域天然气水合物成藏系统

7.3.1 概况

琼东南盆地是一个富油气盆地，在准被动大陆边缘构造地质背景下，具备形成天然气水合物的特定高压低温稳定条件，亦成为一个赋存丰富天然气水合物资源的大型伸展盆地。近年来，在琼东南盆地深水区勘查研究中除发现一系列与天然气水合物赋存有关的地质、地球化学异常外，还发现了直接指示天然气水合物的似海底反射层（BSR）等地球物理标志。2015 年、2018 年和 2019 年，广州海洋地质调查局在琼东南盆地深水区发现了包括"海马冷泉"在内的多个处于不同活动阶段的海底冷泉。2015 年，广州海洋地质调查局利用重力柱采样器在"海马冷泉"浅表层首次采集到块状渗漏型天然气水合物实物样品，证实了琼东南盆地具备天然气水合物成藏潜力。2018 年，广州海洋地质调查局在琼东南盆地东部首次实施天然气水合物深部钻探（GMGS5 航次）并获得天然气水合物实物样品，基本探明盆地东部天然气水合物赋存与产出特点，初步探究了天然气水合物分布规律与成藏特征。GMGS5 航次在 W07、W08、W09 三个站位共四个取心孔中发现了块状、层状、脉状、结核状等多种形态的天然气水合物样品，证实存在厚层渗漏型天然气水合物。2019 年，广州海洋地质调查局再次在琼东南盆地深水区进行了天然气水合物钻探（GMGS6 航次），证实琼东南盆地南部深水区天然气水合物赋存条件优越，南部低凸起区域是天然气水合物分布富集的有利区。琼东南盆地迄今发现的天然气水合物成藏类型及产出特征与韩国郁陵盆地、墨西哥湾、印度 K-G 盆地等区域发育的渗漏型天然气水合物类似，天然气水合物聚集成藏与充足的气源供给及泥底辟、气烟囱、断裂等多种类型的天然气运移输导通道密切相关。

琼东南盆地位于南海西北部，西部与莺歌海盆地相隔，东部与珠江口盆地相接（图 7.24）。

第7章 南海北部天然气水合物成藏系统分析

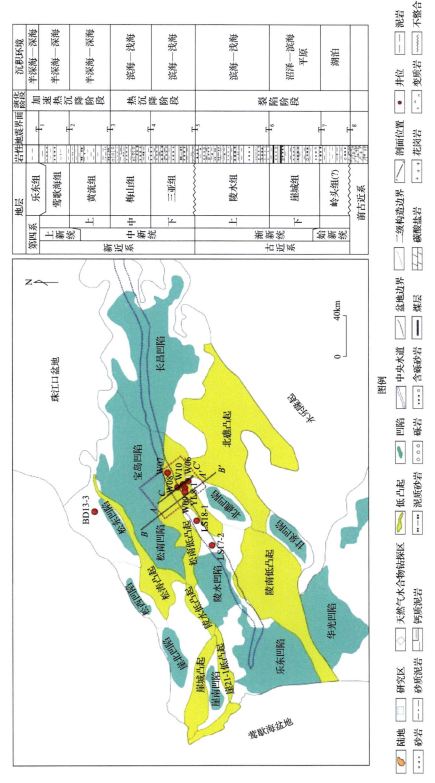

图7.24 琼东南盆地构造单元划分与综合地层柱状图

琼东南盆地最大水深超过3000m，新生界最大沉积厚度超过10000m，具有下断上拗的双层结构。古近纪深大断裂活动性较强，产生多个半地堑、地堑及其复合结构，控制了盆地的基本形态。晚渐新世盆地内仅有控边断层持续活动，逐渐进入裂后热沉降阶段；中中新世晚期开始，盆地大多数断层不再活动，进入高速热沉降阶段至今，盆地主要以填平补齐的沉积充填为主。

琼东南盆地除始新统岭头组尚未有钻井揭示外，发育了较为完整的新生代地层（图7.24）。盆地古近系主要包括始新统、渐新统崖城组和陵水组。始新统主要为陆相沉积，属于裂陷早期产物，且其受断裂控制，盆地整体呈"多凹多凸"的特征；崖城组属于裂陷晚期沉积，为盆地主力烃源岩发育层段；陵水组的底部是海陆过渡相沉积，中上部主要为海相沉积，是盆地内深层主要产气层。新近系包括中新统三亚组、梅山组、黄流组与上新统莺歌海组，其中黄流组、莺歌海组为拗陷阶段产物，以泥岩为主，夹砂岩，为盆地内水道砂岩产层。第四系乐东组以黏土为主，夹薄层粉砂、细砂，富含生物碎屑，未成岩，天然气水合物储层主要位于第四系。

7.3.2 气源供给系统

天然气气体组分和同位素可以判识气体成因类型及来源。GMGS5-W09和GMGS5-W08站位检测出的天然气水合物气体组分中甲烷占绝对优势，但是也含有较高含量的乙烷和丙烷，两者的最高含量超过10%（表7.2，图7.25）。同时大部分气样中还检出了正丁烷、异丁烷、异戊烷等轻烃组分，气体组分中C_1/C_2（体积比）<1000，根据气体组分推测，天然气水合物气源为热成因气。同时，根据岩心分解气气体组分比例推测，钻获的天然气水合物可能为Ⅱ型天然气水合物。然而，目前还缺乏气体同位素数据，尚不能排除有微生物成因气的存在。因此，我们推测，琼东南盆地东部天然气水合物成藏既有热成因气的贡献，也存在生物成因气的贡献。这与琼东南盆地西部海马冷泉通过重力取样获得的天然气水合物分解气地球化学测试结果相一致。同时，根据琼东南盆地常规油气勘探结果及烃源对比结果，推测天然气水合物气源中微生物成因气来自2300m以上，上中新统及其上部低熟—未成熟烃源岩生成的微生物成因气；热成因气来自古近系崖城组或始新统领头组成熟—过成熟烃源岩热解生成的热成因气。因此，天然气水合物热成因气源可能与深部烃源岩及油气藏具有成因联系。

7.3.3 流体输导系统

根据琼东南盆地东部构造地质及地震资料解释和分析研究结果，本节对钻探目标区发育的与天然气水合物运聚成藏相关的含气流体运移疏导通道特征进行了综合分析研究。深层沉积物中的天然气等流体运移至天然气水合物温压稳定带中形成天然气水合物必须具备一定的运移通道，研究表明，断层、裂隙、底辟和气烟囱、渗透性地层等运移疏导体系是天然气运移的优势通道。在钻探目标区识别出多种与天然气水合物运聚成藏密切相关的含气流体运移疏导通道。

第7章 南海北部天然气水合物成藏系统分析

表 7.2 琼东南盆地天然气水合物气体组分统计表

站位	岩心	段	深度/mbsf	甲烷/%	乙烷/%	丙烷/%	异丁烷/ppm	正丁烷/ppm	异戊烷/ppm	正异戊烷/ppm	正己烷/ppm	正庚烷/ppm	CO_2/ppm	$n(C_1)/n(C_2)$(物质的量之比)	$n(C_1)/n(C_3)$(物质的量之比)
QDN-W08B	8X	2	53.68	96.9	0.22	1.63	4140	6089	539	trace	59	43	1575	436	60
QDN-W08B	8X	2	53.68	99.8	0.15	0.01	b.d.	86	54	b.d.	trace	b.d.	692	683	7953
QDN-W08B	8X	1*	53.02	98.0	1.50	0.23	587	487	trace	trace	31	trace	1496	65	424
QDN-W08B	8X	1*	53.02	97.9	1.66	0.20	487	275	trace	b.d.	trace	trace	2053	59	491
QDN-W08B	8X	1*	53.02	97.7	1.36	0.55	1396	1046	55	b.d.	trace	b.d.	1164	72	178
QDN-W08B	10X	3	62.93	81.2	12.88	4.58	10046	2314	111	trace	trace	trace	777	6	18
QDN-W08B	11A	6	65.10	97.7	2.01	0.09	243	123	40	b.d.	b.d.	b.d.	1664	49	1046
QDN-W08B	16A	6	81.71	86.6	8.89	3.46	8007	2034	103	trace	trace	b.d.	350	10	25
QDN-W08C	2H	1	8.00	97.7	2.05	0.05	104	91	36	b.d.	b.d.	b.d.	1864	48	1928
QDN-W08B	5X	1	85.00	98.3	1.10	0.26	648	1395	325	trace	39	trace	823	89	382
QDN-W08C	10X	1*	145.37	79.2	14.40	5.15	10370	2096	trace	b.d.	trace	b.d.	374	5	15
QDN-W08C	10X	1*	145.37	79.2	14.43	5.14	10061	1925	trace	b.d.	b.d.	b.d.	508	5	15
QDN-W09B	3X	1	16.10	91.8	7.52	0.40	1554	896	62	b.d.	b.d.	b.d.	529	12	229
QDN-W09B	5A	2	42.37	94.8	4.57	0.32	1168	923	333	b.d.	trace	trace	505	21	293
QDN-W09B	5A	2d	42.91	86.1	11.47	1.57	5899	2416	63	b.d.	b.d.	b.d.	470	8	55
QDN-W09B	8C	cc	61.80	98.9	0.85	0.06	175	562	225	b.d.	47	41	685	117	1668
QDN-W09B	8C	cc	61.80	94.8	0.75	2.24	7781	11369	1503	trace	225	118	840	127	42
QDN-W09B	8C	cc**	61.80	98.8	0.89	0.10	294	702	123	b.d.	trace	b.d.	687	111	969
QDN-W09B	9A	1	62.35	96.4	3.30	0.11	335	410	138	trace	trace	b.d.	734	29	894

续表

站位	岩心	段	深度 /mbsf	甲烷 /%	乙烷 /%	丙烷 /%	异丁烷 /ppm	正丁烷 /ppm	异戊烷 /ppm	正异戊烷 /ppm	正己烷 /ppm	正庚烷 /ppm	CO_2 /ppm	$n(C_1)/n(C_2)$ (物质的量之比)	$n(C_1)/n(C_3)$ (物质的量之比)
QDN-W09B	11C	1	72.00	95.6	4.04	0.15	469	693	142	b.d.	trace	b.d.	841	24	642
QDN-W09B	11C	1	72.00	94.7	4.85	0.24	749	580	121	b.d.	trace	b.d.	742	20	395
QDN-W09B	11C	cc	77.11	95.7	4.00	0.15	469	551	129	trace	trace	b.d.	768	24	647
QDN-W09C	12A	cc	82.27	95.8	3.64	0.27	806	837	190	b.d.	b.d.	b.d.	584	26	349
QDN-W09C	12A	cc	82.27	94.9	4.39	0.38	1098	903	195	b.d.	b.d.	b.d.	732	22	249
QDN-W09C	12A	cc	82.27	97.8	1.69	0.16	504	1582	564	trace	trace	b.d.	746	58	616
QDN-W09C	12A	cc	82.27	97.5	1.94	0.32	985	875	192	trace	b.d.	b.d.	578	50	308
QDN-W09C	12A	cc	82.27	95.5	3.95	0.27	753	675	163	b.d.	trace	b.d.	n.a.	24	351
QDN-W09C	1A	1**	101.00	96.2	3.40	0.20	770	390	40	b.d.	b.d.	b.d.	910	28	482
QDN-W09C	2X	cc	109.00	97.8	1.98	0.04	118	154	81	trace	trace	b.d.	1338	49	2582
QDN-W09C	2X	cc	109.00	97.5	2.17	0.04	143	217	94	b.d.	trace	b.d.	n.a.	45	2348

注：天然气水合物气体组分为体积分数；1ppm=1μL/L；b.d. 表示检测下限（约 5ppm）；trace 表示微量（约 30ppm）；n.a 表示无数据。

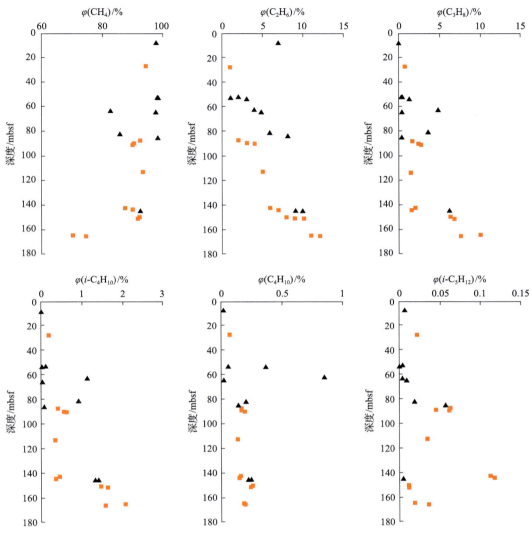

图 7.25 QDN-2018-08 站位天然气水合物气体组分随深度变化特征

黑色三角形表示 QDN-W08B；橘红色正方形表示 QDN-W09C

1. 底辟构造

钻探目标区东北部识别出一大型底辟构造(图 7.26)，其根部直径超过 2km，顶部直径接近 1km。底辟构造发源于 T_3 以下，向上底辟刺穿至 T_2 界面以上；底辟构造在地震剖面上表现出明显的地层扰动现象，底辟两侧地层因底辟物质上拱牵引，使两侧同相轴发生上拉，明显不同于底辟周缘地层；底辟体内部地层反射模糊杂乱；底辟体顶部形成底辟背斜构造，底辟侧翼还发育有底辟伴生断层。在底辟构造的正上方海底识别出丘状体和海底麻坑构造，表明底辟构造构成了深部含气流体向海底浅层运移渗漏的通道：一方面，高温超压含气流体伴随底辟物质通过底辟构造通道垂向向上侵入，到达近海底之后因压力降低，底辟物质也因泄压作用发生垮塌，形成海底麻坑构造；另一方面，当含气流体通过底辟通道向浅部地层运移疏导过程中，当遇到适合天然气水合物形成的温度和压力等条件时可形成天然气水合物，因而这种底辟构造可能构成了钻探目标区有利的气源疏导通道，尤其是对于深部古近纪热成因气，在缺乏沟通古近系和海底浅层天然气水合物稳定带的沟源大断裂时，这种自下而上侵入和刺穿多个层位的垂向通道构成了深部热成因气向天然气水合物稳定带运移的优势通道。

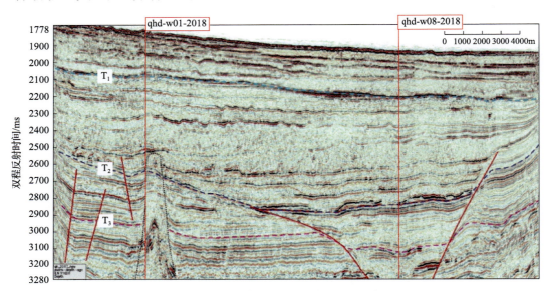

图 7.26　钻探目标区底辟构造地震反射特征（测线 hq11628）

2. 气烟囱

在钻探目标区及其邻近区域，气烟囱异常发育，其在地震剖面上表现出明显的模糊反射带或者空白反射带，如图 7.27 显示为两个发育在低凸起区域的气烟囱，向上侵入至

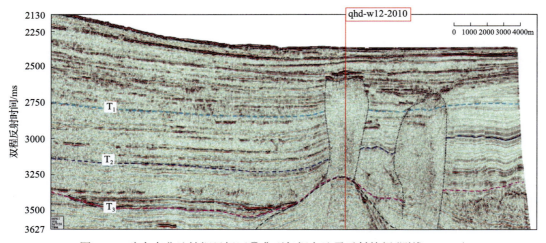

图 7.27　琼东南盆地钻探目标区②典型气烟囱地震反射特征（测线 hq1124）

T_1 地震界面之上,其直径最大接近 3km,在地震剖面上表现出大范围的反射空白带和模糊带,两侧同相轴在气烟囱边界处发生中断,且同相轴具有下拉特征,这是因为深部气体通过气烟囱运移充注地层后,造成地震速度降低而使地震反射时长增加导致反射同相轴下拉的假象。在气烟囱侧翼及顶部出现"亮点"反射,表明气体通过气烟囱通道发生了运移并被地层所捕获。这种气烟囱通道很有可能构成了钻探目标区天然气水合物运聚成藏之气源运移疏导通道,因大部分气烟囱侵入至上新统—第四系,含气流体通过气烟囱垂向向上运移至天然气水合物稳定带时极有可能在气烟囱上部及周缘形成天然气水合物。

3. 断层-裂隙

琼东南盆地古近系断裂构造发育,特别在凹陷内部,众多的基底主断裂的分支断层及斜坡带的调节性断层使凹陷结构复杂化。尽管这些断层大部分在新近纪油气运聚期间已经停止活动,但是它们通常切割了古近系的砂岩输导体系,因此,断层在古近纪活动期间形成的断裂沿侧向封闭性会对后期流体沿砂岩侧向输导体系的运移产生了显著影响。新近纪以来,虽然大部分油源断裂停止了活动,盆地除仅有的几条古近纪深大断裂活动之外,断裂并不发育,这就给古近纪烃源运移疏导至新近纪储层或浅层天然气水合物温压稳定带中造成困难。但在盆地内广泛发育的泥底辟和气烟囱及其伴生构造对流体的继续向上运移提供有利的垂向通道。中新统油气运聚通道以不整合面和伸向凹陷深部烃源的砂体以及能沟通古近系烃源岩的纵向断层为主。

在钻探目标区,通过地震资料解释,在部分区域识别出中新统和上新统断层和裂隙(图 7.28)。按照发育特征可以划分为三类:第一类为同沉积断层,断层主要在 T_3 界面上下发育,断层位移和断距均不大,表明断层活动并不强烈;第二类为水道边界断层,断

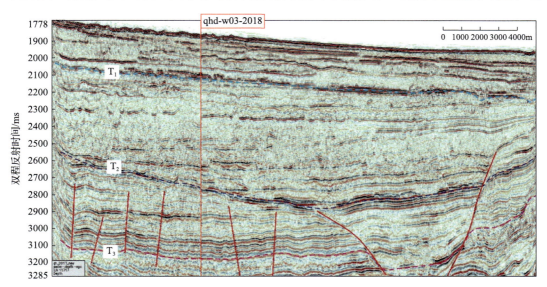

图 7.28 琼东南盆地钻探目标区①新近纪断层和裂隙发育特征(测线 11717)

层沟通了水道底界及上新统，部分位于低凸起侧翼的水道边界断层可能直接沟通了古近纪深大断裂；第三类为上新统内部的裂隙构造，表现出气体渗漏的垂向通道特征。从地震剖面上观察到新近纪断层和裂隙等发育规模较小，但是与天然气水合物稳定带空间耦合匹配较好，一方面中新统断层和上新统裂隙可能构成了生物成因气向第四系天然气水合物稳定带运移疏导的通道，在这些通道上方可观察到 BSR 显示，表明稳定带内部可能赋存有天然气水合物，同时，在 BSR 上方海底，还存在海底丘状体和海底麻坑等构造，这是典型的与天然气水合物有关的海底地质地貌特征。另一方面，水道内部强反射层可能代表气层，这些气层与水道边界断层沟通，气体可沿边界断层向上新统和第四系运移疏导，重新在第四系有利圈闭中聚集，在地震剖面上观察到的第四系底部的强反射层可能就是来自水道气体。

4. 不整合界面

不整合面上下地层通常具有高孔渗特征，可作为气体运移的横向疏导通道。在钻探目标区，通过地震资料解释，识别出了 T_1、T_2 和 T_3 不整合面，表现出强振幅连续反射特征（图 7.28），在空间上，不整合面通常与底辟或中新统断层和水道边界断层组合匹配，构成底辟+不整合面复合疏导体系或断层+不整合面复合疏导体系，进一步有利于天然气水合物气源的疏导。来自中新统及以上烃源岩生成的生物成因气和部分来自深部古近系的热成因气可过底辟、气烟囱、断层等垂向通道运移至不整合面附近，再通过不整合面侧向运移，进而增加了气源供给范围和规模，因此有利于扩大天然气水合物成藏规模。

综上所述，钻探目标区内发育的底辟和气烟囱及伴生断裂、微裂隙及不整合面等共同构成了该区天然气等流体的运移通道，这些运移疏导通道在空间上互相匹配，有利于古近系烃源岩生成的热成因气以及中新统烃源岩生成的浅层生物成因气运移疏导至海底浅层天然气水合物温压稳定带中聚集形成天然气水合物藏，天然气水合物异常分布与上述多种类型气体运移疏导通道在空间上具有一定的叠合分布关系，即证明了气体运移疏导通道与天然气水合物成藏之间的密切关系。

7.3.4 矿藏储集系统

MTD 通常被认为是较差的储层，其强烈的变形可能会破坏地层连续性，大量的黏土会影响地层孔渗性；而水道砂、朵体席状砂及堤岸薄层砂具有良好的物性条件，是有利的天然气水合物储集体。研究区上新世以来重力流沉积较发育，主要发育 MTD 和浊积水道、水道-堤岸、水道-朵体等浊流沉积。通过琼东南海域的地质取样及钻探成果，开展地质推演和分析评价，实现了对研究区天然气水合物储层的科学定位。

2006～2014 年，广州海洋地质调查局在琼东南海域获取了大量的地质取样调查资料，为研究区乐东组沉积晚期储层的评价定位提供了资料基础。海床重力样粒度分析结果表明：调查区表层沉积物主要以钙质生物含量不等的黏土质粉砂、粉砂等细粒沉积物为主，反映调查区现今沉积的水动力条件较弱，沉积水动力条件较弱，以半深海沉积为主，沉积物以陆源物质占优；部分柱状样的个别层段含不等量的粉砂或砂质等粗粒沉积物，与上下的细粒沉积层具有明显的沉积界面，这些粉砂质砂、砂质粉砂等富砂夹层可能与浊流沉积关系密切（表7.3）。

表7.3 琼东南盆地海床柱状取样站位富砂层段统计表

站位	柱状样层段/cm	岩性	沉积类型
HQ06-34PC	390～460	黏土质粉砂夹层	滑塌沉积
HQ07-05PC	265～340	粉砂质砂、砂质粉砂	浊流沉积
HQ07-12PC	340～350	砂质粉砂	浊流沉积
HQ14-CL47	260～320	砂质粉砂	浊流沉积
	420～440	粉砂质砂	
HQ14-CL58	320～380	粉砂质砂	浊流沉积

2018年琼东南深水钻探区第四纪以来主要发育半深海泥质沉积和重力流沉积，天然气水合物主要赋存于第四系。第四系下部主要是正常的半深海沉积，第四系上部以重力流沉积为主，发育三期MTD，上覆浊积体，二者形成交互沉积，垂向上呈现"MTD+浊积"的沉积叠置关系（图7.29）。

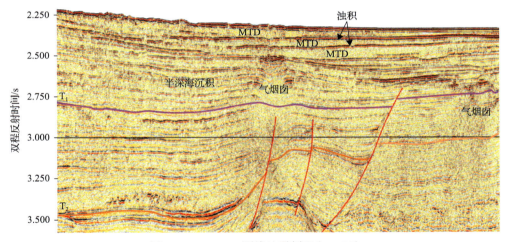

图7.29 HQ1130测线地震剖面（GMGS）

QDN-W08-2018孔位于目标区中心位置，水深为1737m，实钻井深为1948m，发现渗漏型天然气水合物并获取块状、脉状天然气水合物样品，岩性以灰色黏土为主，上部地层含少量有孔虫，发育冷泉碳酸盐岩沉积，下部地层发育有孔虫，局部层段含大量有孔虫。随钻测井显示，在海底以下7.61～16.61m、21.61～52.41m、57.61～178.11m存在三段明显的电阻率高值异常，最大电阻率可达67.55Ω·m，厚度分别为9m、30.8m、120.5m，分析认为三个层段发育渗漏型天然气水合物，且海底以下57.61～178.11m层段推测含有较高饱和度的天然气水合物。

海底以下 52.41～57.61m，厚度为 5.2m，自然伽马为 70.0～97.1gAPI，平均值为 88.1gAPI，中子密度为 1.86～2.20g/cm³，平均值为 2.04g/cm³，表现为相对高值，声波时差无明显异常，实际取样为薄层碳酸盐岩层。海底以下 123.61～176.61m 为含天然气水合物层段，厚度 53m，声波时差出现高值异常，异常段范围为 94.3～202.1μs/ft，平均值为 161.5μs/ft，推测为中高饱和度天然气水合物层。自然伽马有一定的起伏变化，整体表现为低值，受天然气水合物矿体影响电阻率相对较高，而中子密度变化不大，该层段岩性变化不大，以黏土为主，推测为粉砂、泥薄互层沉积，反映了层状席状砂的沉积特征（图 7.30）。

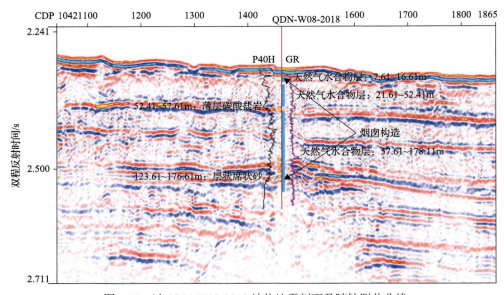

图 7.30　过 QDN-W08-2018 站位地震剖面及随钻测井曲线

QDN-W20-2018 孔位于目标区的东南，水深约为 1769m，实钻井深为 2056m，未取得天然气水合物发现。随钻测井显示，全井段电阻率曲线无异常高值响应，局部层段出现波动变化，最大值为 2.4Ω·m，平均值为 1.2Ω·m，接近于背景值；自然伽马整体随埋深逐渐增大，局部层段表现相对低值及波动变化；声波时差随埋深逐渐减小，局部层段出现相对低值；全井段中子密度无明显变化。

海底以下 92～140m，厚度 48m，自然伽马表现为相对低值且波动变化，电阻率为相对高阻且波动变化，声波时差降低，中子密度增加，整个层段呈现相对低伽马、高阻、高速、高密度、波动变化特征，可能由含砂量、含钙量增加导致的电性变化，地质综合分析认为，可能为粉砂、泥薄互层沉积，反映了层状席状砂的沉积特征。

海底以下 177～192m、204～211m、220～229m 三个层段，厚度分别为 15m、7m、9m，测井响应并不明显，电性特征变化微弱，自然伽马相对降低且波动变化，声波时差高值，未见高电阻异常，整体表现为相对低伽马、低阻、高速特征，元素俘获测井显示方解石含量较高，推测为含钙含砂黏土类沉积，岩性均一，为富泥小型水道充填沉积（图 7.31）。

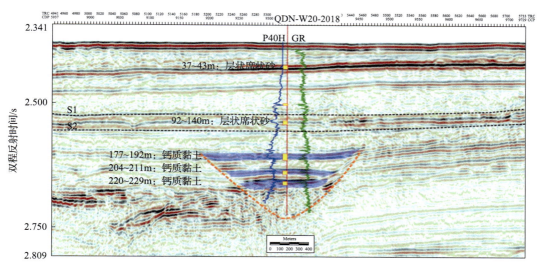

图 7.31　过 QDN-W20-2018 站位地震剖面及随钻测井曲线

实钻成果揭示了琼东南盆地东部海域晚第四系远端朵体-层状席状砂沉积特征,主要由薄层粉砂、泥互层叠置组成,砂地比低,整体厚度比较薄,但分布面积大。

7.3.5　成藏要素匹配

1. 气烟囱控制天然气运移及天然气水合物分布

天然气水合物钻探区处于松南低凸起构造顶部,低凸起两侧的松南凹陷及北礁凹陷生成的烃类气体通过低凸起两侧斜坡不整合面及断层向低凸起上部运移聚集,形成垂向分布的气烟囱,大部分天然气通过气烟囱通道运移输导进入天然气水合物稳定带形成天然气水合物。GMGS5 和 GMGS6 航次在气烟囱顶部不同位置钻探揭示,天然气水合物仅富集于天然气水合物稳定带内具有明显渗漏通道及储集空间的区域,而没有渗漏通道的区域则天然气水合物显示差,仅出现薄层天然气水合物;天然气水合物横向分布明显与气烟囱顶部延展范围对应,超出气烟囱顶部区域,除非有充足天然气供给,天然气水合物则难以聚集或者天然气水合物饱和度极低。尽管波阻抗反演显示气烟囱两侧翼也赋存天然气水合物,其应是由天然气缓慢扩散或者通过水道边界断层阶梯状运移进入稳定带形成。因此,总体上渗漏型天然气水合物的形成和分布富集受控于松南低凸起及两侧生烃凹陷构造背景。天然气沿低凸起两侧运移和天然气通过凸起上部气烟囱的垂向高效输导是保证天然气水合物形成聚集的前提。

2. 浅部天然气水合物与深部油气藏耦合叠置

从琼东南盆地深水区天然气水合物分布的构造、沉积背景来看,天然气水合物稳定带与下伏中央水道及深部低凸起具有上下叠置关系。低凸起两侧为富生烃凹陷,现今处于大量生油气阶段,生成的油气可沿古近系垂向断层及低凸起斜坡带运移,部分聚集在中央水道砂岩之中形成岩性气藏，天然气水合物钻探区邻近的 LS17-2、LS18-1 等气田已证实莺歌海组水道砂岩储集的天然气来自深部古近系崖城组。从天然气水合物天然气地球化学分析结果来看，天然气水合物天然气为偏热成因气的混合成因气。通过天然气水合物天然气同位素与琼东南盆地常规气藏及含气构造天然气同位素对比，发现天然气水合物气体与深部天然气具有相同的成因来源，尤其是中央水道 LS17-2 气田及由松南-宝岛凹陷供烃的 BD13-3 含气构造钻获的天然气与钻探区渗漏型天然气水合物天然气组分及同位素特征相近。因此，笔者认为琼东南盆地浅层天然气水合物与深部油气藏具有同源关系，在低凸起与两侧生烃凹陷构成的构造、沉积背景以及低凸起上气烟囱的垂向输导与天然气水合物稳定带的匹配下，浅层天然气水合物与深部油气藏具有耦合叠置关系，二者共生于琼东南盆地含油气系统。

3. MTD 沉积体储集与封盖

MTD 通常被认为是较差的储层，其强烈的变形可能会破坏地层连续性，大量的黏土会造成地层孔渗条件变差，不利于天然气水合物的形成与富集。但是，天然气水合物钻探区气烟囱顶部即终止于三套 MTD 底部，气烟囱上覆低孔低渗沉积地层，可能构成了直接盖层，阻止了大部分通过气烟囱垂向运移的深部天然气进一步向海底运移和渗漏，保证天然气水合物形成具备充足的天然气供给。这三套 MTD 在琼东南盆地深水区广泛分布，大部分含气流体活动终止于该 MTD 底部之下，暗示其构成了天然气在海底浅层的封闭层。

海底遥控无人潜水器(ROV)观测及天然气水合物钻探取样结果发现，渗漏型天然气水合物分布区稳定带范围内及海底沉淀有自生碳酸盐岩，其是甲烷气体沿渗漏通道向海底逸散过程中发生缺氧氧化作用、硫酸盐还原细菌等微生物活动形成的碳酸盐沉淀。钻探区海底出现活动冷泉及古冷泉活动差异分布特征，同时 W08 井海底 0~9mbsf 发育大量的冷泉碳酸盐岩以及下伏天然气水合物层，而同处于气烟囱顶部的 W06 井和 W10 井没有明显天然气水合物赋存，表明钻探区仅局部有充足天然气进入天然气水合物稳定带聚集，也证明了除局部因裂隙出现而不具备封盖条件外，总体上上覆MTD 构成了下伏天然气的直接盖层，否则在强烈气烟囱活动下，大部分天然气将渗漏至海底，而不是出现钻探区这种仅在渗漏通道中赋存天然气水合物的现象。此外，一旦天然气水合物稳定带底部形成天然气水合物之后，含天然气水合物层形成自封闭作用，也会对下伏天然气形成封盖，天然气难以向上运移进入天然气水合物稳定带，最终导致天然气水合物发育分布及海底冷泉活动的空间差异。

前已述及，钻探发现 MTD 沉积体内部裂隙发育，其可能是气烟囱顶部聚集的超压天然气压裂导致，裂隙的形成极大地改善了 MTD 局部孔渗条件，这些裂隙构成了天然气在稳定带内部继续运移的通道，同时也构成了不同厚度及产出状态的天然气水合物差异聚集的空间。因此，在 MTD 总体具有封盖条件下，气烟囱上覆 MTD 内部是否出现渗漏通道是形成和富集天然气水合物的关键，也是造成渗漏型天然气水合物差异聚集的关键控制因素。

7.3.6 成藏系统特征

1. 富集区构造沉积背景与海底特征

琼东南盆地已发现天然气水合物富集区位于位于盆地中部深水区的松南低凸起。凸起两侧分别为松南凹陷与北礁凹陷，均为生烃凹陷，凹陷深部生成的油气可通过松南低凸起斜坡带向上运移。低凸起发育 NW 走向中央水道，已证实为岩性气藏储层发育区，其莺歌海组—黄流组水道砂岩中已发现包括 LS17-2、LS18-1 等多个大型气田，气田天然气供给来自乐东-陵水富生烃凹陷崖城组煤系烃源岩。

琼东南盆地渗漏型天然气水合物独特的地质特征是在海底出现海底麻坑、海底丘状体、冷泉及伴生生物群落等渗漏现象(图 7.32)。这些渗漏特征往往指示与地层深部渗漏型天然气水合物形成和分解有关。过天然气水合物钻井地震剖面发现，中深层地层有大型气烟囱存在；气烟囱顶部存在天然气渗漏通道，两侧同相轴出现上拉特征，向上可直达海底(图 7.33)，并在海底形成冷泉发育点，实际调查在该区域发现了处于不同活动阶段的冷泉，部分已经接近活动后期，或者刚刚停止不久；部分早已停止活动，且天然气运移通道可能已被块状天然气水合物或者冷泉碳酸盐岩堵塞。

图 7.32 天然气水合物钻探区海底样品照片

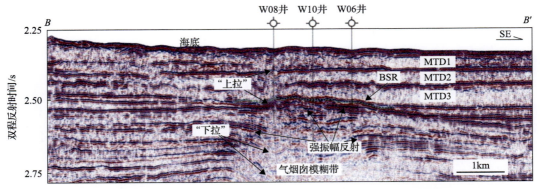

图 7.33 典型渗漏型天然气水合物藏发育区天然气水合物地震反射特征图

2. 地震反射特征

气烟囱顶部钻探了 W06、W08、W10 等多口井(图 7.34)。从地震反射剖面可以看出，气烟囱呈现出明显的空白带，其两侧地震反射同相轴发生中断，其内部同相轴出现下拉特征，在气烟囱顶部及顶部两侧出现强地震反射波组，指示天然气通过气烟囱发生了运移和聚集。在气烟囱顶部解释出 BSR，其横向延伸约 4km 并且与地层斜交。气烟囱上覆三套近平行沉积的地层，地层边界为连续的强振幅反射，而内部地震反射弱，解释为块体搬运体系(MTD)。进一步精细刻画块体流沉积地层发现，其内部裂隙十分发育，尤其是气烟囱顶部向上具有明显渗漏通道的区域，裂隙更为集中，部分裂隙沟通稳定带底界向上直通海底，在海底形成类似麻坑的地形，其可能是天然气通过裂隙通道向海底渗漏导致。

3. 测井响应特征

琼东南盆地渗漏型天然气水合物分布层段在测井曲线上表现为电阻率相对升高、声波时差相对减小、密度有所减小等特征，在成像测井图像上表现出高亮层。通过连井剖面，可以观察到气烟囱发育区不同位置的钻井曲线指示的天然气水合物分布层段、厚度及饱和度等表现出明显的差异性(图 7.34)。

W08 井(水深约 1737.4m)处于具明显渗漏通道的位置，通道两侧同相轴出现明显的上拉特征，这是地层中富集了天然气水合物或者沉积了碳酸盐岩导致地层速度增加，地震波传播时间减少所引起的地震反射异常，这一现象已在韩国郁陵盆地通过天然气水合物钻探证实。W08 井钻探也证实天然气水合物稳定带 0~9mbsf 发育块状碳酸盐岩沉淀，9~174mbsf 断续赋存块状、层状、瘤状等多种产出状态的渗漏型天然气水合物。位于气烟囱顶部中间位置的 W10 井(水深约 1735.5m)没有明显的渗漏通道，钻探结果显示仅在稳定带底部(132.9~137mbsf)发育一薄层天然气水合物，在 142.5~172.9mbsf 发育气层。W06 井(水深约 1738.6m)处于气烟囱顶部边缘位置，从地震剖面上看，该井往南东向还有 BSR 延伸，但是实际钻井揭示天然气水合物显示极差，仅在 137.2~137.5mbsf 识别出 0.3m 的天然气水合物层，深度 1889.5m(150.9mbsf)以下为含气层。

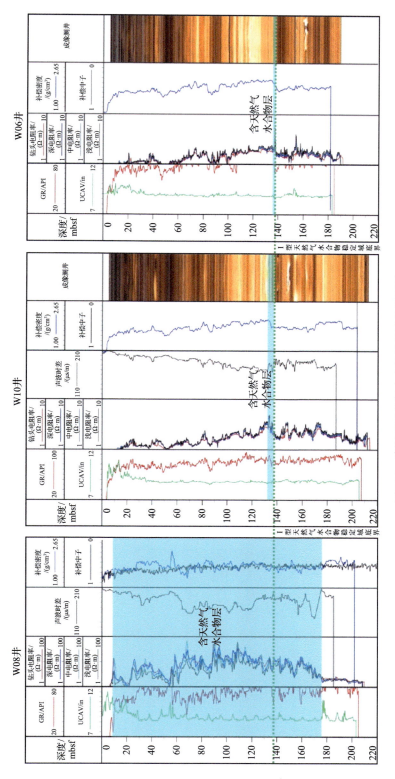

图7.34 渗漏型天然气水合物测井井连井剖面图

1in=2.54cm

4. 产出特征与饱和度

通过保压和非保压取心在钻探区钻获了多种产状的渗漏型天然气水合物岩心样品，天然气水合物呈现出肉眼可见的块状、层状、结核状、脉状等多种形态，主要充填在灰黑色未固结沉积物裂缝中，为裂隙充填型天然气水合物[图7.35(a)]，与神狐海域典型孔隙充填型天然气水合物差异明显。X射线衍射扫描可以观察到渗漏型天然气水合物呈现出非常明显的高亮层状或斑块状特征，对应出现天然气水合物的局部沉积物伽马密度相对没有天然气水合物的区域明显偏低，但是纵波速度明显升高[图7.35(b)]。

图7.35 渗漏型天然气水合物产出特征图

根据GMGS5航次钻孔岩心孔隙水氯离子浓度和保压岩心释气量分别计算了天然气水合物饱和度。根据氯离子浓度计算W07井和W08井天然气水合物饱和度最高分别为13%和41%，根据保压岩心释气量计算W07井和W08井的天然气水合物饱和度最高分别为7.5%和53.3%。W09井在110mbsf附近天然气水合物饱和度最高，根据氯离子浓度和保压岩心释气量计算的天然气水合物饱和度最高分别为48.3%和41%。GMGS6航次W06井和W10井未取心，根据测井曲线推测天然气水合物饱和度明显低于相邻的W08井。与扩散型天然气水合物不同的是，渗漏型天然气水合物并非较均匀填充在沉积物孔隙中，而大部分是以块状和层状等形式产出，因此，实际天然气水合物饱和度可能比通过孔隙水和保压岩心释气量计算的饱和度更高。

5. 分布特征

通常，含天然气水合物地层特征表现为相对高波阻抗，而下伏含游离气地层特征表现为相对低波阻抗。通过 W08 井波阻抗反演剖面，识别出天然气水合物稳定带内部三个相对高阻抗区域(图 7.36)，尤其是气烟囱顶部出现较大范围的高阻抗异常，指示天然气水合物富集。气烟囱内部表现出明显的低阻抗，分布特征与气烟囱形态大体类似；同时，在气烟囱左侧中央水道内部也识别出横向延续的相对低阻抗区域，指示游离气的聚集。波阻抗反演大致圈定出了天然气水合物和游离气在钻探区的分布范围，与实际地震反射及钻探结果基本一致。

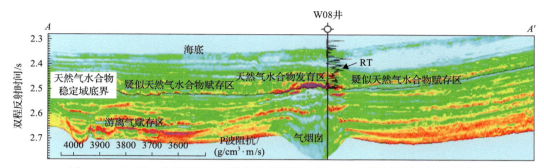

图 7.36 过 W08 井天然气水合物稳定域底界向下 30ms 层段波阻抗反演剖面图

参 考 文 献

陈多福, 苏正, 冯东, 等. 2005. 海底天然气渗漏系统水合物成藏过程及控制因素. 热带海洋学报, 24(3): 38-46.
陈芳, 苏新, 陆红锋, 等. 2013. 南海神狐海域有孔虫与高饱和度水合物的储存关系. 地球科学-中国地质大学学报, 5: 907-915.
狄永军, 郭正府, 李凯明, 等. 2003. 天然气水合物成因探讨. 地球科学进展, 18(1): 138-143.
樊栓狮, 刘锋, 陈多福. 2004. 海洋天然气水合物的形成机理探讨. 天然气地球科学, 15(5): 524-530.
傅宁, 米立军, 张功成. 2007. 珠江口盆地白云凹陷烃源岩及北部油气成因. 石油学报, 28(3): 32-38.
龚再升, 李思田, 等. 1997. 南海北部大陆边缘盆地分析与油气聚集. 北京: 科学出版社.
龚再升, 李思田, 等. 2004. 南海北部大陆边缘盆地油气成藏动力学研究. 北京: 科学出版社.
何家雄, 姚永坚, 刘海龄, 等. 2008. 南海北部边缘盆地天然气成因类型及气源构成特点. 中国地质, 35(5): 1007-1016.
何家雄, 祝有海, 陈胜红, 等. 2009. 天然气水合物成因类型及成矿特征与南海北部资源前景. 天然气地球科学, 20(2): 237-243.
黄霞, 祝有海, 卢振权, 等. 2010. 南海北部天然气水合物钻探区烃类气体成因类型研究. 现代地质, 3: 576-580.
梁金强, 沙志彬. 2004. 南海北部东沙海域天然气水合物资源调查及井位建议2004年度成果报告. 广州: 广州海洋地质调查局.
卢振权, 吴能友, 陈建文, 等. 2008. 试论天然气水合物成藏系统. 现代地质, 22(3): 363-375.
陆红锋, 陈弘, 陈芳, 等. 2009. 南海神狐海域天然气水合物钻孔沉积矿物学特征. 南海地质研究, 12: 28-39.
梅建森, 康毅力, 张永高, 等. 2007. 柴达木盆地生物气源岩评价及勘探方向. 天然气工业, 27(9): 17-20, 127.
米石云. 2009. 盆地模拟技术研究现状及发展方向. 中国石油勘探, 2: 55-65.
乔少华, 吴能友, 苏明, 等. 2013. 运聚体系-天然气水合物不均匀性分布的关键控制因素初探. 新能源进展, 1(3): 245-256.
沙志彬, 郭依群, 杨木壮, 等. 2009. 南海北部陆坡区沉积与天然气水合物成藏关系. 海洋地质与第四纪地质, 5: 89-98.
石广仁. 1994. 油气盆地数值模拟方法. 北京: 石油工业出版社.
苏丕波, 雷怀彦, 梁金强, 等. 2010a. 南海北部天然气水合物成矿区的地球物理特征研究. 新疆石油地质, 31(5): 485-488.
苏丕波, 雷怀彦, 梁金强, 等. 2010b. 神狐海域气源特征及其对天然气水合物成藏的指示意义. 天然气工业, 30(10): 103-108.
苏丕波, 沙志彬, 常少英, 等. 2014b. 珠江口盆地东部海域天然气水合物的成藏地质模式. 天然气工业, 34(6): 162-168.
苏丕波, 梁金强, 沙志彬, 等. 2011. 南海北部神狐海域天然气水合物成藏动力学模拟. 石油学报, 32(2): 226-233.
苏丕波, 梁金强, 沙志彬, 等. 2014a. 神狐深水海域天然气水合物成藏的气源条件. 西南石油大学学报: 自然科学版, 36(2): 1-8.
苏新, 陈芳, 于兴河, 黄永样. 2005a. 南海陆坡中新世以来沉积物特性与气体水合物分布初探. 现代地质, 1: 1-13.
苏新, 宋成兵, 方念乔. 2005b. 东太平洋水合物海岭BSR以上沉积物粒度变化与气体水合物分布. 地学前缘, 12(1): 234-242.
王秀娟, 吴时国, 董冬冬, 等. 2011. 琼东南盆地块体搬运体系对天然气水合物形成的控制作用. 海洋地质与第四纪地质, 1: 109-118.
吴能友, 张海啟, 杨胜雄, 等. 2007. 南海神狐海域天然气水合物成藏系统初探. 天然气工业, 27(9): 1-6.
吴时国, 喻普之. 2006. 海底构造学导论. 北京: 科学出版社.
吴伟中, 夏斌, 姜正龙, 等. 2013. 珠江口盆地白云凹陷沉积演化模式与油气成藏关系探讨. 沉积与特提斯地质, (1): 25-33.
杨传胜, 李刚, 龚建明, 等. 2009. 断裂对天然气水合物成藏的控制作用. 海洋地质前沿, 25(6): 1-5.
杨传胜, 李刚, 龚建明. 2010. 墨西哥湾北部陆坡天然气水合物成藏系统. 海洋地质前沿, 26(3): 35-39.
杨胜雄, 梁金强, 陆敬安, 等. 2017. 南海北部神狐海域天然气水合物成藏特征及主控因素新认识. 地学前缘, 24(4): 1-14.
袁玉松, 郑和荣, 张功成, 等. 2009. 南海北部深水区新生代热演化史. 地质科学, (3): 911-921.
张功成, 米立军, 吴时国, 等. 2007. 深水区南海北部大陆边缘盆地油气勘探新领域. 石油学报, 28(2): 15-21.
张光学, 梁金强, 陆敬安, 等. 2014. 南海东北部陆坡天然气水合物藏特征. 天然气工业, 34(11): 10.

张光学, 梁金强, 沙志彬, 等. 2017. 南海东北部天然气水合物成藏演化地质过程. 地学前缘, 4(4): 15-23.

张伟, 梁金强, 陆敬安, 等. 2017. 中国南海北部神狐海域高饱和度天然气水合物成藏特征及机制. 石油勘探与开发, 44(5): 670-680.

张伟, 梁金强, 苏丕波, 等. 2018. 南海北部陆坡高饱和度天然气水合物气源运聚通道控藏作用. 中国地质, 45(1): 1-14.

张云帆, 孙珍, 郭兴伟, 等. 2008. 琼东南盆地新生代沉降特征. 热带海洋学报, (5): 30-36.

Allen P A, Allen J. R. 1990. Basin Analysis: Principles and Applications. Oxford: Blackwell Scientific Publications.

Athy L F. 1930. Density, porosity, and compaction of sedimentary rocks. AAPG Bulletin, 14: 1-24.

Baba K, Yamada Y. 2004. BSRs and associated reflections as an indicator of gas hydrate and free gas accumulation: An example of accretionary prism and forearc basin system along the Nankai Trough, off central Japan. Resource Geology, 54(1): 11-24.

Bangs N L, Sawyer D S, Golovchenko X. 1993. Free gas at the base of the gas hydrate zone in the vicinity of the Chile triple junction. Geology, 21: 905-908.

Behrmann J H, Lewis S D, Musgrave R, et al. 1992. Chile triple junction. Proceedings of the Ocean Drilling Program, Scientific Results (Pt A), 141: 1-708.

Ben-Avraham Z, Smith G, Reshef M, et al. 2002. Gas hydrate and mud volcanoes on the southwest African continental margin off South Africa. Geology, 30(10): 927-930.

Borowski W S, Paull C K, Iii W U. 1997. Carbon cycling within the upper methanogenic zone of continental rise sediments: An example from the methane-rich sediments overlying the Blake Ridge gas hydrate deposits. Marine Chemistry, 57(3-4): 299-311.

Borowski W S, Paull C K, Ussler W U. 1996. Marine pore-water sulfate profiles indicate in situ methane flux from underlying gas hydrate. Geology, 24(7): 655-658.

Borowski W S. 2004. A review of methane and gas hydrates in the dynamic, stratified system of the Blake Ridge region, offshore southeastern North America. Chemical Geology, 205(3-4): 311-346.

Boswell R, Collett T S, Frye M, et al. 2012. Subsurface gas hydrates in the northern Gulf of Mexico. Marine and Petroleum Geology, 34(1): 4-30.

Boswell R, Collett T S. 2006. The gas hydrates resource pyramid. Fire in the Ice: Methane Hydrate Newsletter, Fall issue: 1-4.

Boswell R, Kleinberg R, Collett T S, et al. 2007. Exploration priorities for marine gas hydrate resources. Fire in the Ice: Methane Hydrate Newsletter, Spring/ Summer issue: 11-13.

Brooks J M, Anderson A L, Sassen R, et al. 1994. Hydrate occurrences in shallow subsurface cores from continental slope sediments//Sloan J E D, Happel J, Hnatow M A. International Conference on Natural Gas Hydrates: Annals of the New York Academy of Sciences, 715: 381-391.

Brooks J M, Cox B H, Bryant W R, et al. 1986. Association of gas hydrates and oil seepage in the Gulf of Mexico. Organic Geochemistry, 10: 21-234.

Brooks J M, Field M E, Kennicutt Ⅱ M C. 1991. Observations of gas hydrates in marine sediments, offshore northern California. Marine Geology, 96(1-2): 103-109.

Brooks J M, Kennicutt M, Bidigare R R, et al. 1985. Hydrates, oil seepage and chemosynthetic ecosystems on the Gulf of Mexico slope. EOS, 66(18): 498-499.

Brooks J, Kennicutt Ⅱ M C, Fay R R, et al. 1984. Thermogenic gas hydrates in the Gulf of Mexico. Science, 225: 409-411.

Brown K M, Bangs N L, Froelich P N, et al. 1996. The nature, distribution, and origin of gas hydrate in the Chile Triple Junction region. Earth and Planetary Science Letters, 139(3-4): 471-483.

Bunz S, Mienert J, Berndt C. 2003. Geological controls on the Storegga gas-hydrate system of the mid-Norweigian continental margin. Earth and Planetary Science Letters, 209: 291-307.

Burnham A K, Sweeney J J A. 1989. chemical kinetic model of vitrinite maturation and reflectance . Geochimica et Cosmochimica Acta, 53(10): 2649-2656.

Canfield D E. 1994. Factors influencing organic carbon preservation in marine sediments. Chemical Geology, 114(3-4): 315-329.

Chen F, Xin S U, Zhou Y. 2013. Late Miocene-Pleistocene calcareous nannofossil biostratigraphy of Shenhu gas hydrate drilling area in the South China Sea and variations in sedimentation rates. Earth Science, 38(1): 1-9.

Choi J, Kim J H, Torres M E, et al. 2013. Gas origin and migration In the Ulleung Basin, east sea: Results from the second Ulleung Basin gas hydrate drilling expedition (UBGH2). Marine & Petroleum Geology, 47: 113-124.

Claypool G E, Kaplan I R. 1974. The Origin and DistriBution of Methane in Marine Sediments//Kaplan I R. et al. New York: Natural Gases in Marine Sediments (Plenum): 99-139.

Coffin R, Pohlman J, Gardner J, et al. 2007. Methane hydrate exploration on the mid Chilean coast: A geochemical and geophysical survey. Journal of Petroleum Science and Engineering, 56: 32-41.

Collett T S. 1993. Natural gas hydrates of the Prudhoe Bay and Kuparuk River area, North Slope, Alaska. AAPG Bulletin, 77(5): 793-812.

Collett T S. 1995. Gas hydrate resources of the United States//Gautier D L, Dolton G L, Takahashi K I, et al. National Assessment of United States Oil and Gas Resources on CD-ROM: U. S. Geological Survey Digital Data Series 30, 1 CD-ROM.

Collett T S. 2002. Energy resource potential of natural gas hydrates. AAPG Bulletin, 86(11): 1971-1992.

Collett T S, Agena W F, Lee M W, et al. 2008a. Assessment of gas hydrate resources on the North Slope, Alaska, 2008. U. S. Geological Survey Fact Sheet 2008-3073: 4. http://pubs.usgs.gov/fs/2008/3073/.

Collett T S, Johnson A, Knapp C, et al. 2008b. Natural gas hydrates-A review natural gas hydrates-energy resource potential and associated geologic hazards. Tulsa: American Association of Petroleum Geologists.

Cook A E, Goldberg D. 2008. Extent of gas hydrate filled fracture planes: Implications for in situ methanogenesis and resource potential. Geophysical Research Letters, 35(15): L15302.

Dallimore S R, Collett T S. 2005. Scientific results from the Mallik 2002 Gas Hydrate Production Research Well Program, Mackenzie delta, Northwest Territories, Canada. Geological Survey of Canada Bulletin, 585, CD-ROM: 957.

Davie M K, Buffett B A. 2003. Sources of methane for marine gas hydrate: Inferences from a comparison of observation and numerical models. Earth and Planetary Science Letters, 206: 51-63.

Dickens G R, Castillo M M, Walker J C G. 1997. A blast of gas in the latest Paleocene: Simulating first-order effects of massive dissociation of oceanic methane hydrate. Geology, 25(3): 259-262.

Dillon W P, Danforth W W, Hutchinson D R, et al. 1998. Evidence for faulting related to dissociation of gas hydrate and release of methane off the southeastern United States. Geological Society London Special Publications, 137(1): 293-302.

Egeberg P K, Dickens G R. 1999. Thermodynamic and pore water halogen constraints on gas hydrate distribution at ODP Site 997 (Blake Ridge). Chemical Geology, 153(1-4): 53-79.

England W A, Mackenzie A S, Mann D M, et al. 1987. The movement and entrapment of petroleum fluids in the subsurface. Journal of the Geological Society, 144(2): 327-347.

Fehn U, Moran J E, Snyder G T, et al. 2007. The initial ^{129}I/I ratio and the presence of 'old' iodine in continental margins. Nuclear Instruments and Methods in Physics Research Section B: Bean Interactions with Materials and Atoms, 259(1): 496-502.

Finley P D, Krason J. 1989. Evaluation of geological relations to gas hydrate formation and stability-Summary report. U. S. Department of Energy Publication, DOE/MC/21181-1950, 15: 111.

Frye M. 2008. Preliminary evaluation of in-place gas hydrate resources: Gulf of Mexico outer continental shelf. Minerals Management Service Report 2008-004: 136.

Fujii T, Nakamizu M, Tsuji Y, et al. 2009. Methane-hydrate occurrence and saturation confirmed from core samples, Eastern Nankai Trough, Japan//Johnson C A, Knapp C, Boswell R. Natural gas hydrates-Energy resource potential and associated geologic hazards. AAPG Memoir, 89: 385-400.

Galimov E M, Kvenvolden K A. 1983. Concentrations and carbon isotopic compositions of CH_4 and CO_2 in gas from sediments of the Blake Outer Ridge, Deep Sea Drilling Project Leg 76. DOI:10.2973/DSDP.PROC.76.110.1983.

Gering K L. 2003. Simulation of methane hydrate phenomena over geologic time scales: Part I. Effect of sediments compaction rates on methane hydrate and free gas accumulations. Earth and Planetary Sciences Letters, 206: 65-81.

Ginsburg G D, Guseynov R A, Dadashev A A. 1992. Gas Hydrates of the Southern Caspian. International Geology Review, 34(8): 765-782.

Gorman A R, Holbrook W S, Hornbach M J, et al. 2002. Migration of methane gas through the hydrate stability zone in a low-flux hydrate province. Geology, 30(4): 327-330.

Hedberg H D. 1936. Gravitational compaction of clays and shales. American Journal of Science, 5(31): 241-287.

Holbrook W S, Gorman A R, Hornbach M, et al. 2002a. Seismic detection of marine methane hydrate. The Leading Edge, 21: 686-689.

Holbrook W S, Lizarralde D, Pecher I, et al. 2002b. Escape of methane gas through sediment waves in a large methane hydrate province. Geology, 30: 467-470.

Holder G D, Malone R D, Lawson W F. 1987. Effects of gas composition and geothermal properties on the thickness and depth of natural-gas-hydrate zone. Journal of Petroleum Technology, 39(9): 1147-1152.

Huang B, Huang H, Li L, et al. 2010. Characteristics of marine source rocks and effect of high temperature and overpressure to organic matter maturation in Yinggehai-Qiongdongnan Basins. Marine Origin Petroleum Geology, 15(3): 11-18.

Hubbert, M. K. 1987. Darcy' Law: Its physical theory and application to entrapment of oil and gas. History of Geophysics, 3: 1-26.

Hutchinson D R, Childs J R, Hammar-Klose E, et al. 2004. A preliminary assessment of geologic framework and sediment thickness studies relevant to prospective U. S. submission on extended continental shelf(abs.): U. S. Geological Survey Open-File Report: 2004-1447.

Hyndman R D, Davis E E. 1992. A mechanism of the formation of methane and seafloor bottom-simulating reflectors by vertical fluid explusion. Journal of Geophysical Research, 97(B5): 7025-7041.

Klauda J B, Sandler S I. 2005. Global distribution of methane hydrate in ocean sediment. Energy and Fuels, 19: 459-470.

Kvenvolden K A, Claypool G E, Threlkeld C N, et al. 1984. Geochemistry of a naturally occurring massive marine gas hydrate. Organic Geochemistry, 6: 703-713.

Kvenvolden K A, Claypool G E. 1988. Gas hydrates in oceanic sediment. U. S. Geological Survey Open-File Report 88-216: 50 p.

Kvenvolden K A, Kastner M. 1990. Gas hydrates of the peruvian outer continental margin. Proceedings of the Ocean Drilling Program: Scientific Results, USGS Publications Warehouse.

Kvenvolden K A, Mcdonald T J. 1985. Gas hydrates of the Middle America Trench-Deep Sea Drilling Project Leg 84. Initial Reports of Deep-Sea Drilling Project, 84: 667-682.

Kvenvolden K A. 1993. Gas hydrates-geological perspective and global change. Reviews of Geophysics, 31(2): 173-187.

Lee M W, Collett T S. 2008. Integrated analysis of well logs and seismic data at the Keathley Canyon, Gulf of Mexico, for estimation of gas hydrate concentrations. Marine and Petroleum Geology, 25: 924-931.

Lerche I, Yarzab R F, Kendall C. 1984. Determination of paleoheat flux from vitrinite reflectance data. AAPG Bulletin, 68(11): 1704-1717.

Li J F, Ye J L, Qin X W, et al. 2018. The first offshore natural gas hydrate production test in South China Sea. China Geology, 1: 5-16.

Lu S, Mcmechan G A. 2004. Elastic impedance inversion of multichannel seismic data from unconsolidated sediments containing gas hydrate and free gas. Geophysics, 69(1): 164-179.

Lüdmann T, Wong H K. 2003. Characteristics of gas hydrate occurrences associated with mud diapirism and gas escape structures in the north-western Sea of Okhotsk. Marine Geology, 201: 269-286.

Makogon Y F. 2010. Natural gas hydrates-A promising source of energy. Journal of Natural Gas Science and Engineering, 2(1): 49-59.

Malinverno A, Kastner M, Torres M E, et al. 2008. Gas hydrate occurrence from pore water chlorinity and downhole logs in a transect across the northern Cascadia margin(Integrated Ocean Drilling Program Expedition 311). Journal of Geophysical Research, 113(B08103): 18.

Matsumoto R, Tomaru H, Lu H. 2004. Detection and evaluation of gas hydrates in the eastern Nankai Trough by geochemical and geophysical methods. Resource Geology, 54(1): 53-67.

Matsumoto R, Uchida T, Waseda A, et al. 2000. Occurrence, structure, and composition of natural gas hydrate recovered from the Blake Ridge, northwest Atlantic. Proceedings of the Ocean Drilling Program: Scientific Results, 164(10): 13-28.

McIver R D. 1981. Gas hydrates//Meyer R F, Olson J C. Boston, Pitman: Long-Term Energy Resources: 713-726.

Miall A D. 1990. Principles of Sedimentary Basin Analysis. 2nd Ed. New York: Springer Verlag.

Milkov A V, Dickens G R, Claypool G E. 2004. Co-existence of gas hydrate, free gas, and brine within the regional gas hydrate stability zone at Hydrate Ridge(Oregon margin): Evidence from prolonged degassing of a pressurized core. Earth and Planetary Science Letters, 222: 829-843.

Milkov A V, Sassen R. 2000. Thickness of gas hydrate stability zone, Gulf of Mexico continental slope. Marine and Petroleum Geology, 17: 981-991.

Morales E. 2003. Methane hydrates in the Chilean continental margin. Electronic Journal of Biotechnology, 6(2): 717-3458.

Moridis G J, Collett T S, Boswell R, et al. 2008. Toward production from gas hydrates: Assessment of resources and technology and the role of numerical simulation//Proceedings of the 2008 Society of Petroleum Engineers Unconventional Reservoirs Conference, SPE Paper 114163: 45.

Mountain G S, Tucholke B E. 1985. Mesozoic and Cenozoic Geology of the U. S. Atlantic Continental Slope and Rise//Geologic Evolution of the United States Atlantic Margin, Poag, C. W. Van Nostrand Reinhold Co.

Paull C K, Lorenson W S, Borowski W, et al. 2000. Isotopic composition of CH_4, CO_2 species, and sedimentary organic matter within ODP Leg 164 samples for the Blake Ridge: Gas source implications//Paull C K, et al. Gas hydrate sampling on the Blake Ridge and Carolina Rise, Sites 991-997: Proceedings of the Ocean Drilling Program: Scientific Results, 164: 67-78.

Paull C K, Ussler III W, Boroski W S. 1994. Sources of biogeneic methane to form gas hydrates//Sloan E D, Happel J, Hnatow M. A. Natural Gas Hydrates, New York: Academy of Sciences.

Pecher I A, Kukowski N, Greinert J, et al. 2001. The link between bottom simulating reflections and methane flux into the gas hydrate stability zone-new evidence from Lima Basin, Peru margin: Earth and Planetary Science Letters, 185: 343-354.

Pohlman J W, Kaneko M, Heuer V B, et al. 2009. Methane sources and production in the northern Cascadia margin gas hydrate system. Earth & Planetary Science Letters, 287(3-4): 504-512.

Prather B E. 2000. Calibration and visualization of depositional process models for above-grade slopes: A case study from the Gulf of Mexico. Marine & Petroleum Geology, 17(5): 619-638.

Riedel M, Collett T S, Kumar P, et al. 2010. Seismic imaging of a fractured gas hydrate system in the Krishna-Godavari Basin offshore India. Marine and Petroleum Geology, 27(7): 1476-1493.

Rowan M G, Jackson M, Trudgill B D. 1999. Salt-related fault families and fault welds in the northern Gulf of Mexico. AAPG Bulletin, 83(9): 1454-1484.

Rowe M, Gettrust J. 1993a. Faulted structure of the bottom simulating reflector on the Blake Ridge, Western North Atlantic. Geology, 21: 833-836.

Rowe M, Gettrust J. 1993b. Fine structure of methane hydrate-bearing sediments on the Blake Outer Ridge as determined by deep-tow multi-channel seismic data. Journal of Geophysical Research, 98: 292-300.

Ryu B J, Collett T S, Riedel M, K et al. 2013. Scientific Results of the Second Gas Hydrate Drilling Expedition in the Ulleung Basin (UBGH2). Marine and Petroleum Geology, 47: 1-20.

Sassen R, Macdonald I R, Requejo A G, et al. 1994. Organic geochemistry of sediments from chemosynthetic communities, Gulf of Mexico slope. Geo-Marine Letters, 14(2-3): 110-119.

Sassen R, Moore C H. 1988. Framework of hydrocarbon generation and destruction in eastern Smackover Trend. AAPG Bulletin, 72(6): 649-663.

Schoell M. 1980. The hydrogen and carbon isotopic composition of methane from natural gases of various origins. Geochimica et Cosmochimica Acta, 44(5): 649-666.

Shipboard Scientific Party. 1996. Sites 994, 995, and 997 (leg 164)// Paull C K, et al. Gas hydrate sampling on the Blake Ridge and Carolina Rise Sites 991-997: Proceedings of the Ocean Drilling Program, initial reports, 164: 99-623.

Shipley T H, Houston M H, Buffler R T, et al. 1979. Seismic reflection evidence for the widespread occurrence of possible gas-hydrate horizons on continental slopes and rises. AAPG Bulletin, 63: 2204-2213.

Sloan E D, Koh C A. 2008. Clathrate Hydrates of the Natural Gases. 3rd Ed. Boca Raton: CRC Press.

Stoll R D, Ewing J I, Bryan G M. 1971. Anomalous wave velocities in sediments containing gas hydrates. Journal of Geophysical Research, 84: 15101-15116.

Sweeney J J, Burnham A K. 1990. Evaluation of a simple model of vitrinite reflectance based on chemical kinetics. AAPG Bulletin, 74: 1559-1570.

Taira A, Pickering K T. 1991. Sediment Deformation and Fluid Activity in the Nankai, Izu-Bonin and Japan Forearc Slopes and Trenches. Philosophical Transactions of the Royal Society A: Mathematical. Physical and Engineering Sciences, 335(1638): 289-313.

Takahashi H, Yonezawa T, and Takedomi Y. 2001. Exploration for natural hydrate in Nankai Trough well, offshore Japan//Proceedings of the 2001 Offshore Technology Conference, OTC 13040: 12.

Taylor M H, Dillon W P, Pecher I A. 2000. Trapping and migration of methane associated with the gas hydrate stability zone at the Blake Ridge Diapir: New insights from seismic data. Marine Geology, 164: 79-89.

Teichert B M A, Bohrmann G, Suess E. 2005. Chemoherms on Hydrate Ridge: Unique microbially mediated carbonate build ups in cold seep settings. Palaeogeography, Palaeoclimatology, Palaeoecology, 227: 67-85.

Tissot B P. 1969. Premieres donnees sur les mecanismes et la cinetique de la formation du petrole dans les sediments: Simulation d'une schema reactionnel sur ordinateur. Revue de L'Institut Francais du Petrole, 24: 470-501.

Tissot B P, Welte D H. 1978. Petroleum formation and occurrence. New York: Springer-Verlag.

Torres M E, Teichert B M A, Tréhu A M, et al. 2004. Relationship of pore water freshening to accretionary processes in the Cascadia margin: Fluid sources and gas hydrate abundance. Geophysical Research Letters, 31(L22305): 1-4.

Torres M E, Tréhu A M, Cespedes N, et al. 2008. Methane hydrate formation in turbidite sediments of northern Cascadia, IODP Expedition 311. Earth and Planetary Science Letters, 271(1-4): 170-180.

Tréhu A M, Bangs N L, Guerin G. 2006. Near-offset vertical seismic experiments during Leg 204//Tréhu A M, Bohrmann G, Torres M E, et al. Proceedings ODP, Science Results, 204: 1-23.

Tréhu A M, et al. 2003. Drilling gas hydrates on Hydrate Ridge, Cascadia continental margin, sites 1244-1252//Proceedings of the Ocean Drilling Program: Initial Reports, v. 204. doi: 10. 2973/odp. proc. ir. 204. 2003.

Tryon M D, Brown K M, Torres M E. 2002. Fluid and chemical flux at Hydrate Ridge: II. Observations and long-term records reveal insights into dynamic driving mechanisms, Earth Planetary Science Letters, 201: 541-557.

Uchida T, Ebinuma T, Ishizaki T. 1999. Dissociation condition measurements of methane hydrate in confined small pores of porous glass. Journal of Physical Chemistry B, 103(18): 3659-3662.

Uchida T, Lu H, Tomaru H. 2004. Subsurface Occurrence of natural gas hydrate in the Nankai Trough Area: Implication for gas hydrate concentration. Resource Geology, 54(1): 35-44.

Uchida T, Waseda A, Namikawa T. 2009. Methane accumulation and high concentration of gas hydrate in marine and terrestrial sandy sediments//Collett T, Johnson A, Knapp C, et al. Natural gas hydrates: Energy resource potential and associated geologic hazards. AAPG Memoir, 89: 401-413.

Vargas Cordero I, Tinivella U, Accaino F, et al. 2010. Analyses of bottom simulating reflections offshore Arauco and Coyhaique (Chile). Geo-Marine Letters, 30: 271-281.

Waseda A, Didyk B M. 1995. Isotope compositions of gases in sediments from the Chile continental margin. Proceedings of the Ocean Drilling Program, Scientific Results, 141: 307-312.

Waseda A, Uchida T. 2000. Origin of methane in natural gas hydrates from the Mackenzie Delta and Naikai Trough//Proceedings of the Fourth International Conference on Gas Hydrates, Hiyoshi.

Waseda A, Uchida T. 2004. The geochemical context of gas hydrate in the eastern Nankai Trough. Resource Geology, 54: 69-78.

Wiese K, Kvenvolden K A. 1993. Introduction to microbial and thermal methane//Howell D G. The Future of Energy Gases: U. S. Geological Survey Professional Paper, 1570: 13-20.

Xu W Y, Ruppel C. 1999. Prediction the occurrence, distribution and evolution of methane gas hydrate in porous marine sediments. Journal of Geophysical Research, 104(B3): 5081-5095.

Yang S X, Zhang M, Liang J Q, et al. 2015. Preliminary results of China's third gas hydrate drilling expedition: A critical step from discovery to development in the South China Sea. Fire in the Ice, 15(12): 1-5.

Yoshioka H, Sakata S, Cragg B A, et al. 2009. Microbial methane production rates in gas hydrate-bearing sediments from the eastern Nankai Trough, off central Japan. Geochemical Journal, 43(5): 315-321.